智能系统与技术丛书

PyTorch Deep Learning Hands-On

PyTorch
深度学习实战

[美] 谢林·托马斯（Sherin Thomas）
苏丹舒·帕西（Sudhanshu Passi）　著

马恩驰 陆健 译

机械工业出版社
China Machine Press

图书在版编目（CIP）数据

PyTorch 深度学习实战 /（美）谢林·托马斯（Sherin Thomas），（美）苏丹舒·帕西（Sudhanshu Passi）著；马恩驰，陆健译 . —北京：机械工业出版社，2020.6（2023.1 重印）

（智能系统与技术丛书）

书名原文：PyTorch Deep Learning Hands-On

ISBN 978-7-111-65736-1

I. P… II. ① 谢… ② 苏… ③ 马… ④ 陆… III. 机器学习 IV. TP181

中国版本图书馆 CIP 数据核字（2020）第 093109 号

北京市版权局著作权合同登记 图字：01-2019-5655 号。

Sherin Thomas, Sudhanshu Passi: *PyTorch Deep Learning Hands-On* (ISBN: 978-1-78883-413-1).

Copyright © 2019 Packt Publishing. First published in the English language under the title "PyTorch Deep Learning Hands-On" (9781788834131).

All rights reserved.

Chinese simplified language edition published by China Machine Press.

Copyright © 2020 by China Machine Press.

本书中文简体字版由 Packt Publishing 授权机械工业出版社独家出版。未经出版者书面许可，不得以任何方式复制或抄袭本书内容。

PyTorch 深度学习实战

出版发行：机械工业出版社（北京市西城区百万庄大街 22 号 邮政编码：100037）

责任编辑：孙榕舒 责任校对：李秋荣

印 刷：北京建宏印刷有限公司 版 次：2023 年 1 月第 1 版第 3 次印刷

开 本：186mm×240mm 1/16 印 张：15

书 号：ISBN 978-7-111-65736-1 定 价：79.00 元

客服电话：（010）88361066 68326294

版权所有 · 侵权必究
封底无防伪标均为盗版

随着深度学习在计算机视觉、自然语言处理、语音识别及分割领域的日益火爆，对于算法从业人员来说，熟练掌握并应用一种深度学习框架已成为必备技能。在众多深度学习框架中，目前主流的是 PyTorch 和 TensorFlow。尽管 TensorFlow 在工业界的应用有诸多优势，但依然有很多研究人员从 TensorFlow 转向 PyTorch。PyTorch 以其易于调试、具有动态计算图等特性备受学术界关注。

关于 PyTorch 和 TensorFlow 的框架之争从未停止过。工业应用更倾向于 TensorFlow，而学术研究更倾向于 PyTorch。学术研究人员关心的是研究中算法迭代速度有多快，其应用场景通常是在相对较小的数据集上，最大的限制因素不是性能，而是快速实现并验证假设的能力。相反，工业界认为性能是需要优先考虑的。譬如预测耗时降低 10ms 对于优化用户体验意义重大，但对于研究人员来说基本没有太大意义。另外，PyTorch 框架也在逐渐演进，以弥补其在生产应用上的劣势，在 2018 年年末，PyTorch 引入了即时编译器（JIT）和 TorchScript。其中，JIT 可以将 PyTorch 程序转换为一种名为 TorchScript 的中间表征（IR）。TorchScript 是 PyTorch 的图表征。一旦 PyTorch 模型处于其中间表征状态，我们就获得了图模式的所有好处。我们可以在不依赖 Python 的情况下，在 C++ 环境中部署 PyTorch 模型，或者对其进行优化，从而使 PyTorch 在深度学习各场景中有更大的应用空间。

本书聚焦 PyTorch 深度学习各场景的动手实现，不涉及模型层面的原理剖析。读者可以基于本书提供的知识快速实现 CNN、RNN、生成对抗网络等神经网络。本书的翻译工作由马恩驰和陆健利用业余时间合作完成，马恩驰负责翻译第 2、4、5、

6 章，陆健负责翻译第 1、3、7、8 章。由于译者水平有限，翻译中难免有疏漏之处，有问题请邮件反馈至 maec1208@gmail.com。

感谢机械工业出版社的编辑在本书翻译过程中给予的协助，感谢家人和同事给予的支持。2020 年是特殊的一年，向为疫情而奋战在一线的医疗工作者致敬。

马恩驰　陆健

2020 年 2 月于北京

本书帮助读者快速深入深度学习。在过去的几年里，我们看到深度学习成了新的动力。它从学术界一路进军到工业领域，帮助解决了数千个难题。没有它，人类永远无法想象如何解决这些难题。深度学习的应用主要是由一组框架推动的，这些框架可靠地将复杂的算法转化为高效的内置方法。本书展示了 PyTorch 在构建深度学习模型原型、深度学习工作流以及将原型模型用于生产方面的优势。总体而言，本书专注于 PyTorch 的实际实现，而不是解释它背后的数学原理。但本书也会给出一些链接，这些链接会补充一些相关概念。

本书适合谁

我们没有尽可能多地解释算法，而是专注于 PyTorch 中的算法实现，并着眼于使用这些算法的实际应用程序的实现。本书非常适合知道如何在 Python 中编程并了解深度学习基础知识的读者。本书面向具有传统机器学习实践经验，或希望在实践中探索深度学习世界并将其实现部署到生产中的开发人员。

本书包含哪些内容

第 1 章介绍使用 PyTorch 进行深度学习的方法以及 PyTorch 的基本 API。本章介绍 PyTorch 的历史，以及为什么 PyTorch 应该成为深度学习发展的首选框架，还介绍后续章节中将讨论的不同深度学习方法。

第 2 章将帮助你构建第一个简单神经网络，并演示如何将神经网络、优化器和参数更新连接在一起以构建简单深度学习模型。本章还介绍 PyTorch 如何进行反向传播，这是所有先进的深度学习算法背后的关键。

第 3 章深入探讨深度学习工作流的实现以及帮助构建工作流的 PyTorch 生态系统。如果你计划为项目建立深度学习团队或流程，那么这可能是最关键的一章。在本章中，我们将介绍深度学习流程的不同阶段，并介绍 PyTorch 社群如何通过制定适当的工具来在工作流的每个阶段迭代地进行优化。

第 4 章讨论迄今为止深度学习最成功的结果——计算机视觉成功背后的关键思想，并将介绍使用最广泛的视觉算法——**卷积神经网络**（CNN）。我们将逐步实现 CNN 以理解其工作原理，然后使用 PyTorch 的 nn 包中预定义的 CNN。本章将帮助你实现一个简单的 CNN 和一种先进的基于 CNN 的视觉算法——语义分割。

第 5 章着眼于循环神经网络，这是目前最成功的序列数据处理算法。本章将首先介绍主要的 RNN 组件，如**长短期记忆**（LSTM）网络和**门控循环单元**（GRU）。然后，我们将在探索递归神经网络之前对 RNN 实现中的算法做一些更改，如双向 RNN，并增加层数。为了理解递归网络，我们将使用斯坦福 NLP 团队的著名示例，即堆栈增强解析器 – 解释器神经网络（SPINN），并在 PyTorch 中实现该示例。

第 6 章简要介绍生成网络的历史，然后讨论不同种类的生成网络，包括自动回归模型和 GAN。我们将在 6.2 节讨论 PixelCNN 和 WaveNet 的实现细节，然后详细讨论 GAN。

第 7 章介绍强化学习的概念——但它并不是深度学习的一个子类别。我们将首先了解如何定义问题，然后将探讨累积奖励的概念。我们将探讨马尔可夫决策过程和贝尔曼方程，然后介绍深度 Q 学习。我们还将介绍 Gym，它是 OpenAI 开发的用于开发和试验强化学习算法的工具包。

第 8 章着眼于人们（甚至深度学习专家）在将深度学习模型部署到生产时所遇

到的难题。我们将探讨不同的生产部署选项，包括围绕 PyTorch 使用 Flask 封装器以及使用 RedisAI。RedisAI 是一个高度优化的运行器，用于在多群集环境中部署模型，每秒可以处理数百万个请求。

如何使用本书

- ❑ 本书中的代码以 Python 编写，托管在 GitHub 上。尽管有压缩的代码存储库可供下载，但在线 GitHub 存储库将收到 bug 修复和更新。因此，读者既有必要对 GitHub 有基本的了解，也有必要具备 Python 的基础知识。
- ❑ 虽然不是必需的，但使用 CUDA 驱动程序将有助于加快训练过程（如果不使用任何预先训练的模型）。
- ❑ 本书中的代码示例虽然是在 Ubuntu 18.10 计算机上开发的，但适用于所有流行的平台。但是，如果你遇到任何困难，请随时在 GitHub 中提出问题。
- ❑ 本书中的一些示例要求使用其他服务或包，如 redis-server 和 Flask 框架。所有这些外部依赖项和"方法"指南都记录在其出现的章节中。

下载示例代码及彩色图像

本书的示例代码及所有截图和图表，可以从 http://www.packtpub.com 通过个人账号下载，也可以访问 http://www.hzbook.com，通过注册并登录个人账号下载。

下载文件后，请确保使用最新版本的解压文件：

- ❑ WinRAR / 7-Zip 用于 Windows
- ❑ Zipeg / iZip / UnRarX 用于 macOS
- ❑ 7-Zip / PeaZip 用于 Linux

本书的代码包也托管在 GitHub 中，网址为 https://github.com/hhsecond/HandsOnDeepLearningWithPytorch。

作者简介 *About the Authors*

谢林·托马斯（Sherin Thomas）的职业生涯始于信息安全专家，后来他将工作重心转移到了基于深度学习的安全系统。他曾帮助全球多家公司建立 AI 流程，并曾就职于位于印度班加罗尔的一家快速成长的初创公司 CoWrks。他目前从事多个开源项目，包括 PyTorch、RedisAI 等，并领导 TuringNetwork.ai 的开发。他还专注于为奥罗比克斯（Orobix）分拆公司 [tensor]werk 建设深度学习基础设施。

我要感谢众多影响并激励我写作本书的专业人士，其中包括 CoWrks 的同事和我的朋友。非常感谢技术审校者和编辑助理。没有他们，我不可能在最后期限前完成本书。最后，也是最重要的一点，感谢我的妻子梅林。在工作的同时写作一本书是不容易的，没有她，我不可能做到这一点。

苏丹舒·帕西（Sudhanshu Passi）是 CoWrks 的技术专家。在 CoWrks，他一直是机器学习的一切相关事宜的驱动者。在简化复杂概念方面的专业知识使他的著作成为初学者和专家的理想读物。这可以通过他的博客和本书得到证实。在业余时间，他还会在当地的游泳池内计算水下梯度下降。

我要感谢谢林让我成为本书的合著者。我还要感谢我的父母多年来一直给予的支持。

巴拉斯·G. S.（Bharath G. S.）是一名独立的机器学习研究员，目前在 glib.ai 担任机器学习工程师。他还是 mcg.ai 的机器学习顾问。他的主要研究领域包括强化学习、自然语言处理和认知神经科学。目前，他正在研究决策中的算法公平性问题。他还参与了隐私保护机器学习平台 OpenMined 的开源开发，作为核心协作者，他致力于私有且安全的分布式深度学习算法。你还可以找到他在 PyPI 上与合作者共同撰写的一些机器学习库，如 parfit、NALU 和 pysyft。

廖星宇（Liao Xingyu）正在中国科技大学攻读硕士学位。他曾在北京旷视科技有限公司和 JD AI 实验室实习。著有《深度学习入门之 PyTorch》。

我要感谢在我审校本书时我的家人以及项目编辑汤姆的支持和帮助。

目　　录 *Contents*

译者序

前言

作者简介

审校者简介

第 1 章　深度学习回顾和 PyTorch 简介 ·· 1

1.1　PyTorch 的历史 ·· 2

1.2　PyTorch 是什么 ··· 3

　　1.2.1　安装 PyTorch ·· 4

　　1.2.2　PyTorch 流行的原因 ·· 5

1.3　使用计算图 ·· 7

　　1.3.1　使用静态图 ·· 8

　　1.3.2　使用动态图 ·· 11

1.4　探索深度学习 ·· 13

1.5　开始编写代码 ·· 22

　　1.5.1　学习基本操作 ··· 22

　　1.5.2　PyTorch 的内部逻辑 ··· 28

1.6　总结 ··· 31

参考资料 ·· 32

第 2 章　一个简单的神经网络 33

2.1　问题概述 33

2.2　数据集 34

2.3　新手模型 38

2.4　PyTorch 方式 49

  2.4.1　高阶 API 50

  2.4.2　functional 模块 55

  2.4.3　损失函数 57

  2.4.4　优化器 57

2.5　总结 59

参考资料 59

第 3 章　深度学习工作流 60

3.1　构思和规划 61

3.2　设计和实验 62

  3.2.1　数据集和 DataLoader 类 62

  3.2.2　实用程序包 65

3.3　模型实现 75

3.4　训练和验证 79

3.5　总结 86

参考资料 86

第 4 章　计算机视觉 87

4.1　CNN 简介 87

4.2　将 PyTorch 应用于计算机视觉 90

  4.2.1　简单 CNN 90

  4.2.2　语义分割 99

4.3　总结 112

参考资料 112

第 5 章　序列数据处理 ··· 114

5.1　循环神经网络简介 ·· 114

5.2　问题概述 ·· 116

5.3　实现方法 ·· 116

　　5.3.1　简单 RNN ·· 117

　　5.3.2　高级 RNN ·· 130

　　5.3.3　递归神经网络 ·· 137

5.4　总结 ·· 141

参考资料 ··· 142

第 6 章　生成网络 ··· 143

6.1　方法定义 ·· 144

6.2　自回归模型 ·· 145

　　6.2.1　PixelCNN ·· 147

　　6.2.2　WaveNet ··· 153

6.3　GAN ·· 161

　　6.3.1　简单 GAN ·· 161

　　6.3.2　CycleGAN ·· 168

6.4　总结 ·· 173

参考资料 ··· 173

第 7 章　强化学习 ··· 175

7.1　问题定义 ·· 177

7.2　回合制任务与连续任务 ·· 178

7.3　累积折扣奖励 ·· 179

7.4　马尔可夫决策过程 ·· 180

7.5　解决方法 ·· 182

　　7.5.1　策略和价值函数 ·· 182

　　7.5.2　贝尔曼方程 ·· 183

7.5.3 深度 Q 学习 ··· 184

7.5.4 经验回放 ··· 186

7.5.5 Gym ··· 186

7.6 总结 ··· 194

参考资料 ··· 194

第 8 章 将 PyTorch 应用到生产 ································· 195

8.1 使用 Flask 提供服务 ··· 196

8.2 ONNX ··· 202

8.3 使用 TorchScript 提高效率 ··· 215

8.4 探索 RedisAI ··· 218

8.5 总结 ··· 222

参考资料 ··· 223

第 1 章 Chapter 1

深度学习回顾和 PyTorch 简介

目前，能运行在 GPU 上并能解决各种深度学习问题的深度学习框架有很多，那么我们为什么还需要这样一个深度学习框架呢？本书就是这个"百万美元问题"的答案。在进入深度学习这一大家庭的时候，PyTorch 承诺在 GPU 上使用 NumPy。从它诞生以来，PyTorch 社群就一直努力遵守这一承诺。正如官方文档所说，PyTorch 是一个用于在 GPU 和 CPU 上进行深度学习的优化张量库。虽然所有著名的框架都提供相同的功能，但 PyTorch 相对于几乎所有框架都具有某些优势。

本书的各章为希望在 PyTorch 的帮助下处理和解释数据的开发人员提供了循序渐进的指南。在探索深度学习工作流程的不同阶段之前，你将学习如何实现简单的神经网络。我们将深入研究基本的卷积网络和生成对抗网络，然后介绍有关如何使用 OpenAI 的 Gym 库来训练模型的实战教程。在最后一章，你可以将 PyTorch 模型应用到生产中。

在本章中，我们将介绍 PyTorch 背后的理论，并解释为什么 PyTorch 在某些用例上胜过其他框架。在此之前，我们将简要介绍 PyTorch 的历史，并了解为什么 PyTorch 是需求而不是备选。最后，我们还将介绍 NumPy-PyTorch 桥和 PyTorch 的内部结构，这将为后面的代码密集章节打下基础。

1.1 PyTorch 的历史

随着越来越多的人开始迁移到机器学习的迷人世界，不同的大学和机构开始构建自己的框架来支持其日常研究，而 Torch 是该家族的早期成员之一。罗南·科洛伯特、科雷·卡武克库奥卢和克莱门特·法拉贝特于 2002 年发行了 Torch，后来，它被 Facebook AI 研究公司和多所大学以及多个研究团体选中。许多初创公司和研究人员接受了 Torch，一些公司开始生产 Torch 模型，来为数百万用户服务。这些公司包括 Twitter、Facebook、DeepMind 等。根据核心团队发布的 Torch7 官方论文 [1]，Torch 的设计具有三个关键特点：

1）简化数值算法的发展。

2）易于扩展。

3）快速。

尽管 Torch 赋予框架以灵活性，并且 Lua 和 C 的组合满足了前面的所有要求，但是社群面临的主要问题是新语言 Lua 的学习曲线。虽然 Lua 并不难掌握，而且其在业界用于高效的产品开发已经有了一段时间，但是它并未像其他几种流行的语言一样被广泛接受。

Python 在深度学习社群中被广泛接受，这使得一些研究人员和开发人员重新思考核心作者选择 Lua 而不是 Python 的决定。这不仅仅是语言的问题：具有简单调试功能的框架的缺乏也激发了关于 PyTorch 的想法。

深度学习的前沿开发人员发现符号图的想法很难。然而，几乎所有的深度学习框架都建立在此基础上。事实上，一些开发团队试图用动态图来更改此方法。哈佛智能概率系统集团的 Autograd 是第一个采取此方法的热门框架。然后，Twitter 上的 Torch 社群接受了这个想法，并实现了 torch-autograd。

后来，卡内基 – 梅隆大学（CMU）的一个研究小组提出了 DyNet，然后 Chainer 提供了动态图的功能和可解释的开发环境。

这些事件都是激发 PyTorch 这一惊人框架的巨大灵感来源，事实上，PyTorch

最初是 Chainer 的分支。它开始于亚当·帕斯克的实习项目，他在 Torch 的核心开发者苏米斯·钦塔拉手下工作。然后，PyTorch 又得到了两名核心开发人员和来自不同公司及大学的约 100 名 Alpha 测试人员的支持。

在六个月的努力工作后，该团队在 2017 年 1 月发布了测试版。研究界的大部分人接受了 PyTorch，但产品开发人员最初并没有接受它。几所大学开设了关于 PyTorch 的课程，包括纽约大学（NYU）、牛津大学等欧洲大学。

1.2　PyTorch 是什么

如前所述，PyTorch 是一个张量计算库，可以由 GPU 驱动。PyTorch 具有特定的目标，这使得它与所有其他深度学习框架不同。在本书中，你将通过不同的应用程序重新审视这些目标，最后，你应该能够使用 PyTorch 来处理所需的任何类型的用例，无论你打算实现原生想法还是构建一个超级可扩展的模型以用于生产。

作为 Python 优先框架，PyTorch 比其他在单片 C++ 或 C 引擎上实现 Python 的框架有了很大的飞跃，你可以继承 PyTorch 类并根据需要进行自定义。内置于 PyTorch 核心的强制编码样式只在 Python 优先方法下成立。尽管一些符号图框架（如 TensorFlow、MXNet 和 CNTK）提出了一种强制的方法，但由于社群支持及其灵活性，PyTorch 还是得以保持榜首。

基于磁带的自动求导系统使 PyTorch 具有动态图功能。这是 PyTorch 与其他流行的符号图框架之间的主要区别之一。基于磁带的自动求导为 Chainer 的反向传播算法、自动求导和 torch-autograd 提供了动力。由于使用动态图功能，所以当 Python 解释器到达相应的行时才创建图形，这称为 define by run。而 TensorFlow 采用的是 define and run 的方式。

基于磁带的自动求导使用反向模式自动微分，其中图在前向过程中将每个操作保存到磁带，然后通过磁带进行反向传播。动态图和 Python 优先方法允许轻松调试，你可以使用常用的 Python 调试器（如 Pdb 或基于编辑器的调试器）。

PyTorch 核心社群不只是在 Torch 的 C 二进制文件上制作了 Python 封装器:它优化了核心并改进了核心。PyTorch 会根据输入数据智能地为你定义的每个操作选择运行的算法。

1.2.1　安装 PyTorch

如果你安装了 CUDA 和 cuDNN,那么 PyTorch 的安装非常简单(对于 GPU 支持,但如果你正在试用 PyTorch 却没有 GPU,那也没关系)。在 PyTorch 主页 [2] 的交互式界面中,你可以选择操作系统和包管理器(图 1.1)。选择相应选项后就可以执行安装命令。

图 1.1　PyTorch 网站中的交互式 UI 中的安装过程

虽然最初其只支持 Linux 和 Mac 操作系统,但从 PyTorch 0.4 起它也开始支持 Windows 操作系统。PyTorch 已被集成到了 PyPI 和 Conda 中。PyPI 是 Python 的官方包存储库,可以通过包管理器 pip 查找"Torch"名下的 PyTorch。

但是，如果你想大胆地获得最新的代码，那么可以按照 GitHub 的 README 页面上的说明从源代码中安装 PyTorch。PyTorch 会在每天晚上编译一次，并被推送到 PyPI 和 Conda。如果想要获取最新的代码而避免经历从源代码进行安装的痛苦，那么可以在夜间编译。

1.2.2　PyTorch 流行的原因

在众多可靠的深度学习框架中，由于速度和效率，几乎每个人都在使用静态图或基于符号图的方法。动态网络固有的问题（如性能问题）使开发人员不愿花费大量时间来实现它。然而，静态图的限制使研究人员无法思考多种解决问题的方法，因为其思维过程必须限制在静态计算图的范围内。

如前所述，哈佛大学的 Autograd 软件包是此问题的最初解决方案，然后 Torch 社群采纳了 Python 的这个想法，并实现了 torch-autograd。Chainer 和 CMU 的 DyNet 可能是其后两个获得大量社群支持的基于动态图的框架。尽管这些框架都可以解决静态图在命令方法的帮助下创建的问题，但它们没有其他流行的静态图框架所具有的动力。PyTorch 则解决了上述问题。PyTorch 团队将久经考验的知名框架 Torch 的后端与 Chainer 的前部合并，以获得最佳组合。团队优化了其核心，添加了更多的 Python API，并正确设置了抽象，因此 PyTorch 不需要像 Keras 这样的抽象库供初学者入门。

PyTorch 在研究界获得了广泛的认可，因为大多数人已经在使用 Torch，而且人们可能因 TensorFlow 等框架没有得到灵活的发展而感到沮丧。PyTorch 的动态性质对很多人来说是一种激励，并让他们在早期就接受了 PyTorch。

PyTorch 支持用户在前向过程（forward pass）中定义 Python 允许执行的任何操作。反向过程（backward pass）会自动从图中找到去往根节点的路径，并在返回时计算梯度。尽管这是一个革命性的想法，但生产开发社群并未接受 PyTorch，就像他们不能接受遵从类似实现方式的其他框架一样。然而，随着时间的流逝，越来越多的人开始迁移到 PyTorch。所有顶级选手都使用 PyTorch 在 Kaggle 进行比赛，正如前面提到的，大学开始开设关于 PyTorch 的课程。这有助于学生避免像使用基于符号图的框架时那样学习新的图语言。

在 Caffe2 发布后，生产开发者甚至也开始试用 PyTorch，因为社群宣布将 PyTorch 模型迁移到 Caffe2 。Caffe2 是一个静态图框架，能在手机中运行模型。因此，使用 PyTorch 进行原型设计是一种双赢的方法。你可以用 PyTorch 灵活地构建网络，然后将其迁移到 Caffe2 并在任何生产环境中使用它。然而，随着 1.0 版本的发布，PyTorch 团队取得了巨大的飞跃——从让人们学习两个框架（一个用于生产，另一个用于研究）到学习在原型设计阶段具有动态图功能的单一框架，并在需要速度和效率时突然转换为类似于静态的优化图。PyTorch 团队将 Caffe2 的后端与 PyTorch 的 Aten 后端合并，让用户决定是要运行一个不太优化但高度灵活的图，还是在不重写代码库的情况下运行一个优化但不太灵活的图。

ONNX 和 DLPack 是 AI 社群后来经历的两件"大事"。微软和 Facebook 共同宣布了**开放神经网络交换**（ONNX）协议，该协议旨在帮助开发人员将任何模型从任何框架迁移到任何其他框架。ONNX 与 PyTorch、Caffe2、TensorFlow、MXNet 和 CNTK 兼容，社群正在构建或改进对几乎所有流行框架的支持。

ONNX 内置于 PyTorch 的核心，因此将模型迁移到 ONNX 不需要用户安装任何其他包或工具。同时，DLPack 通过定义不同框架应遵循的标准数据结构，将互操作性的级别提高到了一个新的水平，以便在同一程序中将张量从一个框架迁移到另一个框架，无须用户序列化数据或遵循任何其他解决方法。例如，如果你有一个可以使用训练过的 TensorFlow 模型进行计算机视觉处理的程序，以及能够高效处理循环数据的 Pytoch 模型，那么可以使用单个程序来处理具有 TensorFlow 模型的视频中的每个三维帧，并将 TensorFlow 模型的输出直接传递给 PyTorch 模型以预测视频中的动作。如果你退一步观察深度学习社群，那么你可以看到整个世界都向着一个点收敛，在那里一切都可以与其他所有事物互操作，并试图用类似的方法解决问题。这是一个我们都向往的世界。

1.3　使用计算图

通过演化，人们发现，绘制神经网络图可以将复杂性降低到最低。计算图通过操作描述网络中的数据流。

图由一组节点和连接节点的边组成，是一个已有数十年历史的数据结构。它在一些应用中仍然发挥着重要的作用，并且很可能是长久有效的数据结构。在计算图中，节点表示张量，边表示节点之间的关系。

计算图帮助我们解决数学问题，使大型网络变得直观。无论神经网络多么复杂或庞大，它都是一组数学运算。求解方程的明显方法是将方程划分为更小的单元，并将一个单元的输出传递给另一个单元，以此类推。图方法背后的理念是相同的。可以将网络内的操作视为节点，并将它们映射到一个图，其中节点之间的关系表示从一个操作到另一个操作的转化。

计算图是当前人工智能所有进步的核心。它是深度学习框架的基础。现存的所有深度学习框架都使用图方法进行计算。这有助于使框架找到独立的节点，并将其计算作为单独的线程或进程来运行。计算图有助于执行反向传播，使其就像从子节点移动到之前的节点一样容易，并在遍历的时候带有梯度。这种操作称为自动求导，这是一个有着 40 多年历史的想法。自动求导被认为是 20 世纪十大数值算法之一。具体来说，反向模式自动微分是计算图用于反向传播背后的核心思想，PyTorch基于反向模式自动微分构建，因此所有节点都保留操作信息，直到到达叶子节点为止。然后反向传播从叶子节点开始，向后遍历。当返回时，流沿其梯度移动，并找到对应于每个节点的偏导数。1970 年，芬兰数学家和计算机科学家塞波·林奈玛发现，自动微分可用于算法验证。与此同时，与该概念相关的许多其他平行成果也陆续出现。

在深度学习中，神经网络用于求解数学方程。无论任务有多复杂，一切都将归结为一个庞大的数学方程，并将通过优化神经网络的参数来求解。解决这个问题最直接的方法是"动手计算"。考虑用大约 150 层的神经网络求解 ResNet 的数学方程，人类不可能在这样的图上迭代数千次，每次手动执行相同的操作来优化参数。

计算图通过将所有操作映射到一个图中、逐级并每次求解一个节点来解决此问题。
图 1.2 展示了一个包含三个运算符的简单计算图。

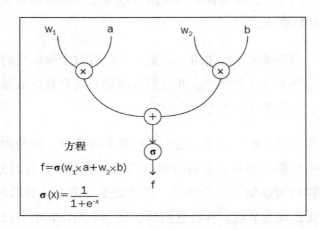

图 1.2　方程的图表示形式

如图 1.2 所示，两侧的矩阵乘法运算符提供两个矩阵作为输出，它们经过一个加法运算符，其结果又经过另一个 sigmoid 运算符。事实上，整个图正在尝试求解这个方程（见图 1.2）。

然而，当你把它映射到图，一切就都变得水晶般清晰。你可以观察和了解正在发生的事情，并轻松地对其进行编码，因为整个流程得到了直观的展示。

虽然所有深度学习框架都建立在自动微分和计算图的基础上，但有两种截然不同的实现方法——静态图和动态图。

1.3.1　使用静态图

传统的神经网络架构处理方法是使用静态图。在对提供的数据执行任何操作之前，程序先生成图的前向和反向过程。不同的开发小组尝试了不同的方法。有些先生成前向过程（图 1.3），然后对前向和反向过程使用相同的图实例（图 1.4）。另一种方法是先构建前向静态图，然后创建反向图并将其追加到前向图的末尾（图 1.5），以便按时间顺序获取节点，将整个前向 – 反向过程作为单个图执行。

本节分为以下五节，前向过程的计算图如图 1.3 所示，描述了输入和操作之间的关系，以及操作的优先顺序……

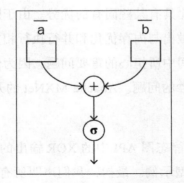

图 1.3　静态图方法 1 的前向过程

用图现网 TensorFlow 构建的 API 实现 XOR 编码网络……

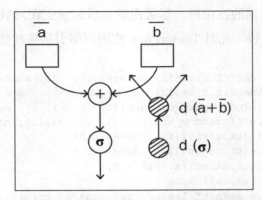

图 1.4　静态图方法 1 的反向过程（使用相同静态图）

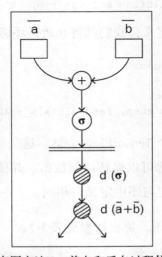

图 1.5　静态图方法 2：前向和反向过程使用不同的图

静态图与其他方法相比具有某些固有的优势。由于限制程序进行动态更改，因此，程序可以在执行图时做出与内存优化和并行执行相关的假设。内存优化是框架开发人员在大部分开发时间中所担心的重要问题，因为优化内存的空间很小，并且这些优化也会带来一些微妙的问题。Apache MXNet 的开发人员的一篇博客 [3] 详细讨论了这一点。

用于预测 TensorFlow 静态图 API 中的 XOR 输出的神经网络如下面代码所示。这是静态图执行方式的典型示例。最初，我们声明所有输入占位符，然后生成图。如果你仔细看，在图定义中，我们没有哪个地方会将数据传递给它。输入变量实际上是预期未来某个数据的占位符。尽管图定义看起来正在对数据执行数学运算，但其实际上是在定义过程，此时 TensorFlow 使用内部引擎构建优化的计算图。

```
x = tf.placeholder(tf.float32, shape=[None, 2], name='x-input')
y = tf.placeholder(tf.float32, shape=[None, 2], name='y-input')
w1 = tf.Variable(tf.random_uniform([2, 5], -1, 1), name="w1")
w2 = tf.Variable(tf.random_uniform([5, 2], -1, 1), name="w2")
b1 = tf.Variable(tf.zeros([5]), name="b1")
b2 = tf.Variable(tf.zeros([2]), name="b2")
a2 = tf.sigmoid(tf.matmul(x, w1) + b1)
hyp = tf.matmul(a2, w2) + b2
cost = tf.reduce_mean(tf.losses.mean_squared_error(y, hyp))
train_step = tf.train.GradientDescentOptimizer(lr).minimize(cost)
prediction = tf.argmax(tf.nn.softmax(hyp), 1)
```

一旦解释器完成读取图定义，我们就将开始循环访问数据：

```
with tf.Session() as sess:
    sess.run(init)
    for i in range(epoch):
        sess.run(train_step, feed_dict={x_: XOR_X, y_: XOR_Y})
```

接下来，我们将启动一个 TensorFlow 会话。这是你可以与事先生成的图进行交互的唯一方法。在会话内，你可以循环访问数据，并使用 session.run 方法将数据传递到图。因此，输入的大小应与图中定义的相同。

如果你忘记了什么是 XOR，那么请参见表 1.1。

表　1.1

输　入		输　出
A	B	A XOR B
0	0	0
0	1	1
1	0	1
1	1	0

1.3.2　使用动态图

命令式的编程风格始终具有较大的用户群，因为其中程序流对于任何开发人员来说都是直观的。动态功能是命令式图构建的优势。与静态图不同，动态图架构不会在数据传递之前生成图。程序将等待数据，遍历数据，并生成图。因此，程序在每次迭代数据后都会生成一个新的图实例，并在反向过程完成后将其销毁。由于图是为每个迭代构建的，所以它不依赖于数据大小、长度或结构。自然语言处理是这种方法的应用领域之一。

例如，如果你尝试对数千个句子进行情感分析，那么使用静态图时你需要进行破解并做出解决方案。在 vanilla **循环神经网络**（RNN）模型中，每个单词都经过一个 RNN 单元，该单元生成输出和隐藏状态。这个隐藏状态将被提供给下一个 RNN，该 RNN 将处理句子中的下一个单词。由于构建静态图时固定了长度，因此你需要增加短句并减少长句。

本例中给出的静态图（图 1.6）显示了如何为每个迭代格式化数据，以避免破坏预构建的图。但是在动态图中，网络是灵活的，因此每次传递数据时都会创建网络。

动态功能附带成本。你无法根据假设对图进行预优化，必须在每次迭代时负担图创建开销。但是，PyTorch 旨在尽可能降低成本。由于预优化不是动态图能够做到的，所以 PyTorch 开发人员成功地将即时图创建的成本降低到可以忽略不计。随着向 PyTorch 的核心引入所有优化，它已被证明即使提供动态功能，也比其他几个特定用例的框架更快。

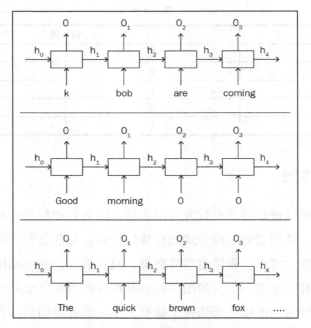

图 1.6 具有短句、适当句和长句的 RNN 单元的静态图

以下是用 PyTorch 编写的代码片段，用于我们之前在 TensorFlow 中开发的相同 XOR 操作：

```
x = torch.FloatTensor(XOR_X)
y = torch.FloatTensor(XOR_Y)
w1 = torch.randn(2, 5, requires_grad=True)
w2 = torch.randn(5, 2, requires_grad=True)
b1 = torch.zeros(5, requires_grad=True)
b2 = torch.zeros(2, requires_grad=True)

for epoch in range(epochs):
    a1 = x @ w1 + b1
    h1 = a2.sigmoid()
    a2 = h2 @ w2 + b1
    hyp = a3.sigmoid()
    cost = (hyp - y).pow(2).sum()
    cost.backward()
```

在该 PyTorch 代码中，输入变量定义不创建占位符，而是将变量对象放到输入上。图定义不会只执行一次；相反，它位于循环中，并且每次迭代都生成图。在每个图实例之间共享的唯一信息是权重矩阵,这是你要优化的内容。

在这种方法中,如果数据大小或形状在循环时发生更改,那么通过图运行新形状的数据绝对没问题,因为新创建的图可以接受新形状。不仅如此,你也可以动态更改图的行为。5.3.3 节给出的示例正是基于此思想。

1.4　探索深度学习

自从人类发明了计算机,我们就称它为智能系统,然而我们却一直在努力增强它的智能。过去,人们认为任何计算机能够做而人类不能做的就是人工智能,例如记住大量的数据、对数百万或数十亿的数字做数学运算等。击败了国际象棋特级大师加里·卡斯帕罗夫的"深蓝"就是一台人工智能机器。

最终,人类不能做而计算机可以做的只有运行计算机程序。我们意识到,一些人类可以轻松完成的事情是不可能被编码的。这种演变改变了一切。为了让计算机像人一样工作,我们要编写大量的规则。机器学习解决了这个问题,它可以让计算机从示例中学习规则,而不必由人们显式地编写代码。图 1.7 给出了一个示例,其中展示了我们如何预测客户是否会购买他购物历史记录中的产品。

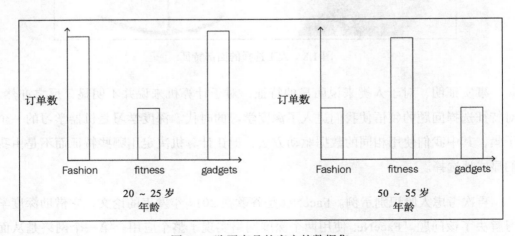

图 1.7　购买产品的客户的数据集

我们可以预测大部分的结果，哪怕不是全部。然而，如果可以预测的数据点的数量很多，我们就不能用平常人的大脑处理它们，那该怎么办呢？计算机可以查看数据，并可以根据以前的数据得出答案。这种数据驱动的方法很有帮助，因为我们唯一要做的就是抽取特征，并把它们交给由不同的算法组成的黑盒，由黑盒根据特征学习规则或模式。

但是这仍然有问题。即使我们知道目标是什么，清洗数据和提取特征并不是一个有趣的任务。然而，最大的麻烦不是这个，而是我们无法有效地预测高维数据的特性和其他媒体类型的数据。例如，在人脸识别中，我们最初使用基于规则的程序，在面部数据中发现了特定长度特征，并将其作为输入提供给神经网络，因为我们认为这是人类用来识别人脸的特征（图 1.8）。

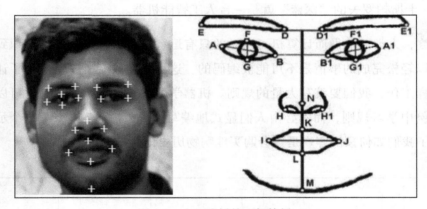

图 1.8　人工选择的面部特征

事实证明，对于人类来说明显的特征，对于计算机来说并不明显，反之亦然。对特征选择问题的领悟使我们进入了深度学习的时代。深度学习是机器学习的一个子集，其中我们使用相同的数据驱动方法，但让计算机决定用哪些特征而不是由我们显式地选择。

再次考虑人脸识别示例。FaceNet 是谷歌在 2014 年发表的论文，它借助深度学习解决了该问题。FaceNet 使用两个深度网络实现了整个应用。第一个网络是从面部识别特征，第二个网络是使用此特征集识别人脸（从技术上讲，将人脸分类）。从本质上讲，第一个网络做了我们以前做过的事情，第二个网络是一种简单而传统的机器学习算法。

深度网络能够从数据集中识别特征，前提是我们拥有大型标记数据集。FaceNet的第一个网络经过具有相应标签的庞大人脸数据集进行训练。第一个网络被训练从每个人脸中预测 128 个特征（一般来说，我们的脸有 128 个度量维度，如左眼和右眼之间的距离），第二个网络只是使用这 128 个特征来识别一个人脸。

一个简单的神经网络具有一个隐藏层、一个输入层和一个输出层（图 1.9）。从理论上讲，单个隐藏层应该能够近似任何复杂的数学方程，因此可以用单个层来进行表示。然而，事实证明，单一隐藏层理论并不那么实用。在深度网络中，每一层都负责查找某些特征：初始层用于查找更详细的特征，最终层用于抽象这些详细特征并查找高级特征（图 1.10）。

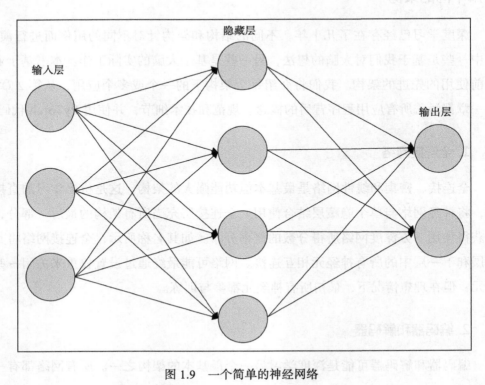

图 1.9　一个简单的神经网络

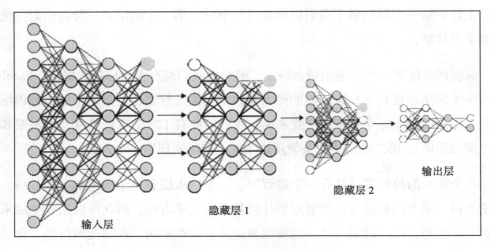

图 1.10　深度神经网络

了解不同的架构

深度学习已经存在了几十年，不同的结构和架构针对不同的用例而进行演变。其中一些是基于我们对大脑的想法，另一些是基于大脑的实际工作。本书基于业界目前使用的先进的架构。我们将介绍每个架构下的一个或多个应用，从第 2 章起，每一章都涵盖所有应用程序背后的概念、规范和技术细节，并使用 PyTorch 代码。

1. 全连接网络

全连接、密集和线性网络是最基本但功能强大的架构。这是机器学习的直接扩展，将神经网络与单个隐藏层结合使用。全连接层充当所有架构的最后一部分，用于获得使用下方深度网络所得分数的概率分布。如其名称所示，全连接网络将其上一层和下一层中的所有神经元相互连接。网络可能最终通过设置权重来关闭一些神经元，但在理想情况下，最初所有神经元都参与训练。

2. 编码器和解码器

编码器和解码器可能是深度学习另一个最基本的架构之一。所有网络都有一个

或多个编码器 – 解码器层。你可以将全连接层中的隐藏层视为来自编码器的编码形式，将输出层视为解码器，它将隐藏层解码并作为输出。通常，编码器将输入编码到中间状态，其中输入为向量，然后解码器网络将该中间状态解码为我们想要的输出形式。

编码器 – 解码器网络的一个规范示例是**序列到序列**（seq2seq）网络（图 1.11），可用于机器翻译。一个句子将被编码为中间向量表示形式，其中整个句子以一些浮点数字的形式表示，解码器根据中间向量解码以生成目标语言的句子作为输出。

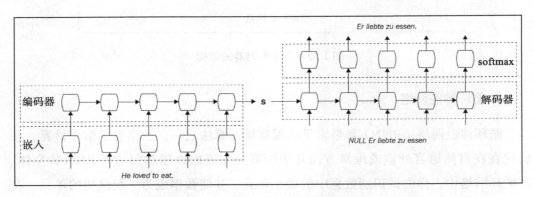

图 1.11　seq2seq 网络

自动编码器（图 1.12）是一种特殊的编码器 – 解码器网络，属于无监督学习范畴。自动编码器尝试从未标记的数据中进行学习，将目标值设置为输入值。例如，如果输入一个大小为 100×100 的图像，则输入向量的维度为 10 000。因此，输出的大小也将为 10 000，但隐藏层的大小可能为 500。简而言之，你正在尝试将输入转换为较小的隐藏状态表示形式，从隐藏状态重新生成相同的输入。

你如果能够训练一个可以做到这一点的神经网络，就会找到一个好的压缩算法，其可以将高维输入变为低维向量，这具有数量级收益。

如今，自动编码器正被广泛应用于不同的情景和行业。第 4 章中的语义分割部分会涉及类似的架构。

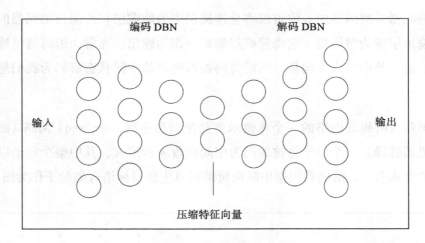

图 1.12　自动编码器的结构

3. 循环神经网络

循环神经网络（RNN）是最常见的深度学习算法之一，它席卷了整个世界。我们现在在自然语言处理或理解方面几乎所有最先进的性能都归功于 RNN 的变体。在循环网络中，你尝试识别数据中的最小单元，并使数据成为一组这样的单元。在自然语言的示例中，最常见的方法是将一个单词作为一个单元，并在处理句子时将句子视为一组单词。你在整个句子上展开 RNN，一次处理一个单词（图 1.13）。RNN 具有适用于不同数据集的变体，有时我们会根据效率选择变体。**长短期记忆**（LSTM）和**门控循环单元**（GRU）是最常见的 RNN 单元。

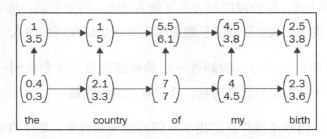

图 1.13　循环网络中单词的向量表示形式

4. 递归神经网络

顾名思义，递归神经网络是一种树状网络，用于理解序列数据的分层结构。递归网络被研究者（尤其是 Salesforce 的首席科学家理查德·索彻和他的团队）广泛用于**自然语言处理**。

字向量（将在第 5 章中介绍）能够有效地将一个单词的含义映射到一个向量空间，但当涉及整个句子的含义时，却没有像 word2vec 这样针对单词的首选解决方案。递归神经网络是此类应用最常用的算法之一。递归网络可以创建解析树和组合向量，并映射其他分层关系（图 1.14），这反过来又帮助我们找到组合单词和形成句子的规则。斯坦福自然语言推理小组开发了一种著名的、使用良好的算法，称为 SNLI，这是应用递归网络的一个好例子。

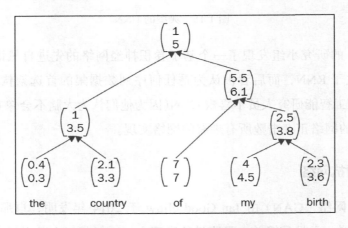

图 1.14　递归网络中单词的向量表示形式

5. 卷积神经网络

卷积神经网络（CNN）（图 1.15）使我们能够在计算机视觉中获得超人的性能，它在 2010 年代早期达到了人类的精度，而且其精度仍在逐年提高。

卷积网络是最容易理解的网络，因为它有可视化工具来显示每一层正在做什么。Facebook AI 研究（FAIR）负责人 Yann LeCun 早在 20 世纪 90 年代就发明了

CNN。人们当时无法使用它，因为并没有足够的数据集和计算能力。CNN 像滑动窗口一样扫描输入并生成中间表征，然后在它到达末端的全连接层之前对其进行逐层抽象。CNN 也已成功应用于非图像数据集。

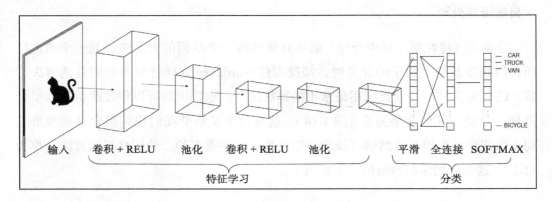

图 1.15 典型的 CNN

　　Facebook 的研究小组发现了一个基于卷积神经网络的先进自然语言处理系统，其卷积网络优于 RNN，而后者被认为是任何序列数据集的首选架构。虽然一些神经科学家和人工智能研究人员不喜欢 CNN（因为他们认为大脑不会像 CNN 那样做），但基于 CNN 的网络正在击败所有现有的网络实现。

6. 生成对抗网络

　　生成对抗网络（GAN）由 Ian Goodfellow 于 2014 年发明，自那时起，它颠覆了整个 AI 社群。它是最简单、最明显的实现之一，但其能力吸引了全世界的注意。GAN 的配置如图 1.16 所示。在 GAN 中，两个网络相互竞争，最终达到一种平衡，即生成网络可以生成数据，而鉴别网络很难将其与实际图像区分开。一个真实的例子就是警察和造假者之间的斗争：假设一个造假者试图制造假币，而警察试图识破它。最初，造假者没有足够的知识来制造看起来真实的假币。随着时间的流逝，造假者越来越善于制造看起来更像真实货币的假币。这时，警察起初未能识别假币，但最终他们会再次成功识别。这种生成 – 对抗过程最终会形成一种平衡。GAN 具有极大的优势，我们稍后将进行深入探讨。

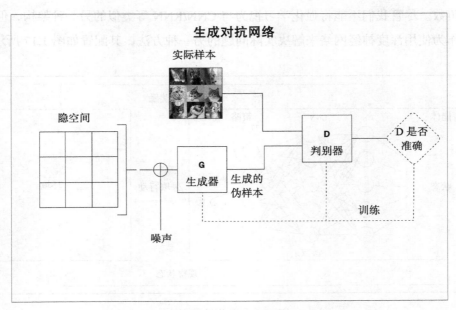

图 1.16　GAN 配置

7. 强化学习

通过互动进行学习是人类智力的基础，强化学习是领导我们朝这个方向前进的方法。过去强化学习是一个完全不同的领域，它认为人类通过试错进行学习。然而，随着深度学习的推进，另一个领域出现了"深度强化学习"，它结合了深度学习与强化学习。

现代强化学习使用深度网络来进行学习，而不是由人们显式编码这些规则。我们将研究 Q 学习和深度 Q 学习，展示结合深度学习的强化学习与不结合深度学习的强化学习之间的区别。

强化学习被认为是通向一般智能的途径之一，其中计算机或智能体通过与现实世界、物体或实验互动或者通过反馈来进行学习。训练强化学习智能体和训练狗很像，它们都是通过正、负激励进行的。当你因为狗捡到球而奖励它一块饼干或者因为狗没捡到球而对它大喊大叫时，你就是在通过积极和消极的奖励向狗的大脑中强化知识。我们对 AI 智能体也做了同样的操作，但正奖励将是一个正数，负奖励将是一个负数。尽管我们不能将强化学习视为与 CNN/RNN 等类似的另一种架构，但这里将其作为使用深度神经网络来解决实际问题的另一种方法，其配置如图 1.17 所示。

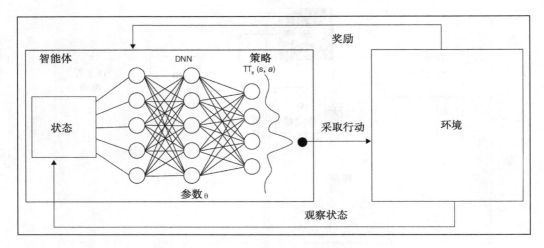

图 1.17　强化学习配置

1.5　开始编写代码

接下来我们动手写一些代码。如果你以前使用过 NumPy，那么你将得心应手。但如果你没有使用过 NumPy，也不用担心，因为 PyTorch 对初学者很友好。

作为一个深度学习框架，PyTorch 也可用于数值计算。在这里，我们将讨论 PyTorch 中的基本操作，这将使你在下一章中更轻松。在下一章我们将尝试为一个简单的用例构建一个实际的神经网络。本书中的所有程序都使用 Python 3.7 和 PyTorch 1.0。GitHub 存储库也使用相同的配置构建：PyTorch 来自 PyPI 而不是 Conda，尽管后者是 PyTorch 团队推荐的包管理器。

1.5.1　学习基本操作

接下来我们通过将 torch 导入命名空间开始编码：

```
import torch
```

PyTorch 中的基本数据抽象是一个 Tensor 对象，它是 NumPy 中的 ndarray 的替代对象。你可以在 PyTorch 中以多种方式创建张量。我们将在这里讨论一些基本方法，在后续的章节中构建应用程序时会涉及所有这些方法。

```
uninitialized = torch.Tensor(3,2)
rand_initialized = torch.rand(3,2)
matrix_with_ones = torch.ones(3,2)
matrix_with_zeros = torch.zeros(3,2)
```

rand 方法为你提供给定大小的随机矩阵，而 Tensor 函数返回未初始化的张量。要从 Python 列表中创建张量对象，请调用 torch.FloatTensor(python_list)，它类似于 np.array(python_list)。FloatTensor 是 PyTorch 支持的几种类型之一。表 1.2 给出了可用的类型。

表 1.2　PyTorch 支持的数据类型

数据类型	CPU 张量	GPU 张量
32 位浮点型	torch.FloatTensor	torch.cuda.FloatTensor
64 位浮点型	torch.DoubleTensor	torch.cuda.DoubleTensor
16 位浮点型	torch.HalfTensor	torch.cuda.HalfTensor
8 位整型（无符号）	torch.ByteTensor	torch.cuda.ByteTensor
8 位整型（有符号）	torch.CharTensor	torch.cuda.CharTensor
16 位整型（有符号）	torch.ShortTensor	torch.cuda.ShortTensor
32 位整型（有符号）	torch.IntTensor	torch.cuda.IntTensor
64 位整型（有符号）	torch.LongTensor	torch.cuda.LongTensor

资料来源：http://pytorch.org/docs/master/tensors.html。

在每个版本中，PyTorch 都会对 API 进行多项更改，以便所有可能的 API 都类似于 NumPy API。shape 是 0.2 版本中引入的更改之一。调用 shape 属性可以获得张量的形状（PyTorch 术语中的 size），也可以通过 size 函数对其进行访问。

```
>>> size = rand_initialized.size()
>>> shape = rand_initialized.shape
>>> print(size == shape)
True
```

shape 对象是从 Python 元组继承的，因此在元组上的所有可能操作也可以在 shape 对象上进行。作为一个不错的副作用，shape 对象是不可变的。

```
>>> print(shape[0])
3
>>> print(shape[1])
2
```

现在，你已经知道什么是张量以及如何创建它，接下来我们将从最基本的数学运算开始。一旦你熟悉了乘法、加法和矩阵运算等操作，那么其他所有操作都只是搭建其上的积木。

PyTorch 张量对象已覆盖 Python 的数值运算，并且其运算符与普通运算符一样。张量 – 标量操作可能是最简单的：

```
>>> x = torch.ones(3,2)
>>> x
tensor([[1., 1.],
        [1., 1.],
        [1., 1.]])
>>>
>>> y = torch.ones(3,2) + 2
>>> y
tensor([[3., 3.],
        [3., 3.],
        [3., 3.]])
>>>
>>> z = torch.ones(2,1)
>>> z
tensor([[1.],
        [1.]])
>>>
>>> x * y @ z
tensor([[6.],
        [6.],
        [6.]])
```

其中变量 x 和 y 为 3×2 的张量，Python 乘法运算符执行元素乘法，并给出相同形状的张量。此张量和形状为 2×1 的张量 z 在 Python 的矩阵乘法运算符的作用下输出一个 3×1 的矩阵。

有多种用于张量操作的选项，例如标准的 Python 运算符（如前面的示例所示）、in-place 的 PyTorch 函数和 out-place 的 PyTorch 函数。

```
>>> z = x.add(y)
>>> print(z)
tensor([[1.4059, 1.0023, 1.0358],
        [0.9809, 0.3433, 1.7492]])
>>> z = x.add_(y)  #in place addition.
>>> print(z)
tensor([[1.4059, 1.0023, 1.0358],
        [0.9809, 0.3433, 1.7492]])
>>> print(x)
tensor([[1.4059, 1.0023, 1.0358],
        [0.9809, 0.3433, 1.7492]])
>>> print(x == z)
tensor([[1, 1, 1],
        [1, 1, 1]], dtype=torch.uint8)
>>>
>>>
>>>
>>> x = torch.rand(2,3)
>>> y = torch.rand(3,4)
>>> x.matmul(y)
tensor([[0.5594, 0.8875, 0.9234, 1.1294],
        [0.7671, 1.7276, 1.5178, 1.7478]])
```

通过使用运算符 + 或 add 函数，可以将两个相同形状的张量相加，以获得相同形状的输出张量。PyTorch 遵循为同一操作使用后缀下划线的惯例，但这会发生 in-place。例如，a.add(b) 得到了一个新的张量，它是通过在 a 和 b 上求和得到的结果。此操作不会对现有的张量 a 和 b 进行任何更改。但是 a.add_(b) 使用求和结果更新张量 a 并返回更新后的 a。这同样适用于 PyTorch 中的所有操作。

注：in-place 运算符遵循后缀下划线的约定，如 add_ 和 sub_。

矩阵乘法可以使用函数 matmul 完成，而出于相同的目的，还有其他函数，如 mm 和 Python 的 @。切片、索引和连接是编写网络编码时另一个重要的任务。PyTorch 使你能够使用基本的 Python 或 NumPy 语法执行所有这些操作。

index 类似于索引标准的 Python 列表。可以通过递归地索引每个维度来索引多个维度。索引操作从第一个可用维度中选择索引。可以使用逗号在进行索引时分隔每个维度。执行切片时可以使用此方法。可以使用完整的冒号分隔开始和结束索引。可以使用属性 t 访问矩阵的转置，每个 PyTorch 张量对象都有属性 t。

连接是工具箱中需要的另一个重要操作。PyTorch 为同一目的编写了函数 cat。只有一个维度大小不同的两个张量可以使用 cat 进行连接。例如，大小为 $3 \times 2 \times 4$ 的张量可以与另一个大小为 $3 \times 5 \times 4$ 的张量在第一个维度上进行连接，以获得大小为 $3 \times 7 \times 4$ 的张量。stack 操作看起来与连接非常相似，但它是完全不同的操作。如果要向张量中添加新维度，则需要用 stack。与 cat 类似，你可以指定要添加的新维度。但是，请确保除了附加维度之外，两个张量的所有维度都相同。

split 和 chunk 是用于拆分张量的类似操作。split 接收每个输出张量的期望大小。例如，如果要以 1 为单位在第 0 个维度上拆分大小为 3×2 的张量，则将得到 3 个大小为 1×2 的张量。但是，如果以 2 为单位拆分，则将获得一个大小为 2×2 的张量和一个大小为 1×2 的张量。

squeeze 函数有时会为你节省数小时的时间。在某些情况下，张量有一个或多个维度尺寸为 1。有时，你不需要这些多余的维度。这就是 squeeze 起作用的地方。squeeze 会删除尺寸为 1 的维度。例如，如果正在处理 10 个句子，每个句子包含 5 个单词，则当你将该句子映射到张量对象时，你将获得 10×5 的张量。然后，你意识到必须将其转换为单热向量，以便神经网络进行处理。

使用大小为 100 的单热编码向量向张量添加另一个维度（因为词汇表中包含 100 个单词）。现在，你有一个大小为 $10 \times 5 \times 100$ 的张量对象，并且正在从每个批次和每个句子中一次传递一个单词。

现在，你必须对句子进行拆分和切片，最有可能的是，最终得到大小为 $10 \times 1 \times 100$ 的张量（共有 10 个批次，每一批的每个单词中都有 100 维向量）。你可以使用 10×100 维的张量来处理它，这将更加轻松。使用 squeeze 可以从 $10 \times 1 \times 100$ 的张量中获得 10×100 的张量。

PyTorch 具有反挤压操作，称为 unsqueeze，它为张量对象增加另一个虚拟维度。不要混淆 unsqueeze 与 stack，尽管后者也增加了另一个维度。unsqueeze 增加了一个虚拟维度，并且不需要其他张量来执行此操作，而 stack 将另一个相同形状的张量添加到参考张量的另一个维度。

cat、stack、squeeze 和 unsqueeze 操作如图 1.18 所示。

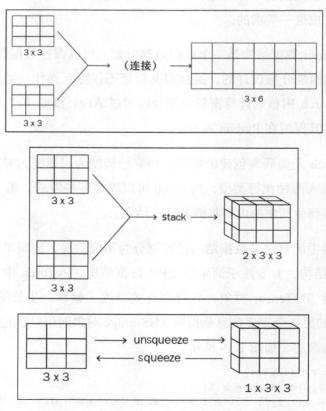

图 1.18　cat、stack、squeeze 和 unsqueeze 的示意图

如果你熟悉所有这些基本操作,则可以直接进入第 2 章,立即开始编码。PyTorch 附带大量其他重要操作,当你开始构建网络时,你一定会发现这些操作非常有用。我们将在后面的章中看到其中的大部分操作,但如果你想首先了解这些操作,那么请先前往 PyTorch 网站并查看其张量教程页面,该页面描述了张量对象可以执行的所有操作。

1.5.2　PyTorch 的内部逻辑

PyTorch 的核心理论之一是互操作性,它随着 PyTorch 本身的演变而产生。开发团队投入了大量的时间来实现不同框架(如 ONNX、DLPack 等)之间的互操作性。这些示例将在后面的章中介绍,但在这里我们将讨论 PyTorch 是如何在不影响速度的情况下完成这一要求的。

标准的 Python 数据结构是一个单层内存对象,可以保存数据和元数据。但是,PyTorch 数据结构是分层设计的,这使得其框架不仅可互操作,而且内存效率高。为了加速,PyTorch 内核的计算密集型部分已通过 ATen 和 Caffe2 库迁移到 C/C++ 后端,而不是将其保留在 Python 本身。

尽管 PyTorch 是为研究创建的框架,但它已转变为以研究为导向并且生产就绪的框架。通过引入两种执行类型,PyTorch 可以满足多种需求。第 8 章中关于如何将 PyTorch 转移到生产中的内容将涉及这一话题。

C/C++ 后端中的自定义数据结构已被划分为不同的层。为简单起见,我们将省略 CUDA 数据结构,并专注于简单的 CPU 数据结构。PyTorch 中面向用户的主要数据结构是一个 THTensor 对象,它保存有关维度、偏移、步长等的信息。但是,THTensor 存储的另一个主要信息是指向 THStorage 对象的指针,它是为存储而保留的张量对象的内部层,如图 1.19 所示。

```
x = torch.rand(2,3,4)
x_with_2n3_dimension = x[1, :, :]
scalar_x = x[1,1,1]      # first value from each dimension

# numpy like slicing
```

```
x = torch.rand(2,3)
print(x[:, 1:])          # skipping first column
print(x[-1, :])          # skipping last row

# transpose
x = torch.rand(2,3)
print(x.t())             # size 3x2

# concatenation and stacking
x = torch.rand(2,3)
concat = torch.cat((x,x))
print(concat)            # Concatenates 2 tensors on zeroth dimension

x = torch.rand(2,3)
concat = torch.cat((x,x), dim=1)
print(concat)            # Concatenates 2 tensors on first dimension

x = torch.rand(2,3)
stacked = torch.stack((x,x), dim=0)
print(stacked)           # returns 2x2x3 tensor

# split: you can use chunk as well
x = torch.rand(2,3)
splitted = x.split(split_size=2, dim=0)
print(splitted)          # 2 tensors of 2x2 and 1x2 size

#sqeeze and unsqueeze
x = torch.rand(3,2,1) # a tensor of size 3x2x1
squeezed = x.squeeze()
print(squeezed)          # remove the 1 sized dimension

x = torch.rand(3)
with_fake_dimension = x.unsqueeze(0)
print(with_fake_dimension)          # added a fake zeroth dimension
```

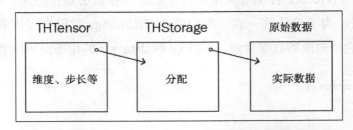

图 1.19 从 THTensor 到 THStorage 再到原始数据的结构

正如你可能假设的那样，THStorage 层不是智能数据结构，它并不真正了解张量的元数据。THStorage 层负责保持指针指向原始数据和分配器。分配器完全是另一个主题，CPU、GPU、共享内存等具有不同的分配器。THStorage 指向原始数据的指针是互操作性的关键。原始数据存储实际数据但没有任何结构。每个张量对象的三层表示使 PyTorch 内存的实现效率很高。下面是一些示例。

将变量 x 创建为 2×2 的张量，全部填充 1。然后创建另一个变量 xv，这是同一张量的另一个视图。接下来将 2×2 的张量平展为大小 4 的单维度张量。此外还通过调用 .numpy() 来创建 NumPy 数组，并将其存储在变量 xn 中：

```
>>> import torch
>>> import numpy as np >>> x = torch.ones(2,2)
>>> xv = x.view(-1)
>>> xn = x.numpy()
>>> x
tensor([[1., 1.],
        [1., 1.]])
>>> xv
tensor([1., 1., 1., 1.])
>>> xn
array([[1. 1.],
       [1. 1.]], dtype=float32)
```

PyTorch 提供了多个 API 来检查内部信息，storage() 就是其中之一。storage() 方法返回存储对象（THStorage），这是前面描述的 PyTorch 数据结构中的第二层。x 和 xv 的存储对象如下所示。即使两个张量的视图（维度）不同，存储也显示相同的维度，这证明 THTensor 存储有关维度的信息，但存储层是仅将用户指向原始数据对象的转储层。为了确认这一点，我们使用 THStorage 对象中可用的另一个 API，即 data_ptr，它指向原始数据对象。x 和 xv 的 data_ptr 的相等证明两者是相同的：

```
>>> x.storage()
 1.0
 1.0
 1.0
 1.0
[torch.FloatStorage of size 4]
```

```
>>> xv.storage()
1.0
1.0
1.0
1.0
[torch.FloatStorage of size 4]
>>> x.storage().data_ptr() == xv.storage().data_ptr()
True
```

接下来，我们改变张量中的第一个值，即索引为 0 的值，将其从 0 变为 20。变量 x 和 xv 具有不同的 THTensor 层，因为维度值已更改，但两者的实际原始数据都相同。因此，为了不同的目的，非常容易创建相同张量的 *n* 个视图且具有高内存效率。

NumPy 数组 xn 与其他变量共享相同的原始数据对象，因此一个张量中的值的变化反映了指向同一原始数据对象的所有其他张量中相同值的更改。DLPack 是这一理念的扩展，它使不同框架之间的通信在同一程序中变得容易。

```
>>> x[0,0]=20
>>> x
tensor([[20.,  1.],
        [ 1.,  1.]])
>>> xv
tensor([20.,  1.,  1.,  1.])
>>> xn
array([[20.,  1.],
       [ 1.,  1.]], dtype=float32)
```

1.6　总结

在本章中，我们了解了 PyTorch 的历史，以及动态图库和静态图库的优缺点。我们还介绍了人们为解决各个领域的复杂问题而提出的不同架构和模型。我们介绍了 PyTorch 最重要的组成部分——Torch 张量的内部逻辑。张量的概念是深度学习的基础，它对于所有深度学习框架都是通用的。

在下一章中，我们将采用一种更实际的方法，在 PyTorch 中实现一个简单的神经网络。

参考资料

1. Ronan Collobert, Koray Kavukcuoglu, and Clement Farabet, *Torch7: A Matlab-like Environment for Machine Learning* (`https://pdfs.semanticscholar.org/3449/b65008b27f6e60a73d80c1fd990f0481126b.pdf?_ga=2.194076141.1591086632.1553663514-2047335409.1553576371`)

2. PyTorch's home page: `https://pytorch.org/`

3. *Optimizing Memory Consumption in Deep Learning* (`https://mxnet.incubator.apache.org/versions/master/architecture/note_memory.html`)

第 2 章 *Chapter 2*

一个简单的神经网络

学习使用 PyTorch 方式构建神经网络非常重要。这是编写 PyTorch 代码的最有效、最简洁的方法，由于 PyTorch 代码具有相同的模块结构，这样还可以帮助你轻松地学习教程和示例代码片段。更重要的是，代码的效率和可读性更高。

别担心，PyTorch 不会采用全新的方法来增加你的学习难度。你如果知道如何编写 Python 代码，就会感到得心应手。但是，我们不会像在第 1 章中那样学习这些构建模块。在本章中，我们将构建一个简单的网络。与其选择典型的入门级神经网络用例，不如让网络以 NumPy 方式来进行数学运算。然后，我们将其转换为 PyTorch 网络。最后，你将拥有成为 PyTorch 开发人员所需的技能。

首先，我们将介绍要解决的问题以及我们所使用的数据集。然后，我们将构建一个基础的神经网络，再将该网络构建为恰当的 PyTorch 网络。

2.1　问题概述

你玩过 Fizz Buzz 游戏吗？如果没有，请不要担心。以下是对该游戏内容的简单说明。

注：根据维基百科的解释，Fizz Buzz[1] 是一款针对儿童的小组文字游戏，用于教他们有关除法的知识。玩家轮流进行递增计数。能被 3 整除的任何数字 [2] 用单词 fizz 代替，能被 5 整除的任何数字用单词 buzz 代替。可被两者同时整除的数字就是 "fizz buzz"。

艾伦人工智能研究所（AI2）的研究工程师乔尔·格鲁斯在一个有趣的例子中使用了 Fizz Buzz，并写了一篇关于 TensorFlow 的博客文章 [3]。尽管该示例没有解决任何实际问题，但该博客文章引来众多关注，并且观察神经网络如何学习从数字流中寻找数学模式是很有趣的。

2.2　数据集

建立数据管道与网络架构一样重要，尤其是在实时训练网络时。从外部获得的数据永远不会干净，因此在将其输入网络之前，必须对其进行处理。例如，如果我们要收集数据以预测某个人是否会购买产品，那么最终可能出现异常值。异常值可能具有多种形式而且不可预测。例如，某人可能不小心下了订单，或者让朋友帮忙下了订单，等等。

从理论上讲，深度神经网络非常适合从数据集中寻找模式和答案，因为它们模仿了人的大脑。但是实际上，情况并非总是如此。如果数据干净且格式正确，那么网络将能够很容易地发现模式，以解决问题。PyTorch 开箱即用地提供了数据预处理封装器，我们将在第 3 章中进行讨论。除此之外，我们将讨论如何格式化或清洗数据集。

为简单起见，我们将使用一些简单的函数来生成数据。接下来我们开始为FizBuz 模型构建简单的数据集。当我们的模型得到一个数字时，它应该预测下一个输出，就像是人在玩游戏一样。例如，如果输入为 3，则模型应预测下一个数字为4。如果输入为 8，则模型应该输出 "fizz"，因为（下一个数字）9 可以被 3 整除。

我们不希望模型遭受复杂的输出。因此，为了使我们的模型更容易，我们将问题定义为简单的分类问题，其中模型的输出为四个不同的类别（图 2.1）：fizz、buzz、fizzbuzz 和 continue_without_change。对于任何输入模型，我们将尝试在这四个类别上进行概率分布拟合，并且通过模型训练，我们可以尝试使概率分布拟合正确的类别。

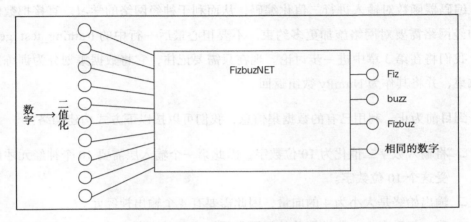

图 2.1　输入 – 输出映射

我们对输入的数字进行二值编码，因为相比原始数字，网络处理二值化的数字更容易。

以下代码生成二值化形式的输入，并生成大小为 4 的向量作为输出：

```
def binary_encoder(input_size):
    def wrapper(num):
        ret = [int(i) for i in '{0:b}'.format(num)]
        return [0] * (input_size - len(ret)) + ret
    return wrapper

def get_numpy_data(input_size=10, limit=1000):
    x = []
    y = []
    encoder = binary_encoder(input_size)
    for i in range(limit):
        x.append(encoder(i))
        if i % 15 == 0:
            y.append([1, 0, 0, 0])
        elif i % 5 == 0:
```

```
        y.append([0, 1, 0, 0])
    elif i % 3 == 0:
        y.append([0, 0, 1, 0])
    else:
        y.append([0, 0, 0, 1])
return training_test_gen(np.array(x), np.array(y))
```

编码器函数对输入进行二值化编码，从而利于神经网络的学习。直接把数值输入神经网络需要对网络施加更多约束。不要担心最后一行中的 training_test_gen 函数，我们将在第 3 章中进一步讨论。现在只需要记住，它将数据集划分为训练集和测试集，并将其作为 NumPy 数组返回。

到目前为止，利用已有的数据集信息，我们可以按以下方式构建网络：

❏ 将输入数字二值化为 10 位数字，因此第一个输入层需要 10 个神经元才能接受这个 10 位数字。

❏ 输出始终是大小为 4 的向量，因此需要有 4 个输出神经元。

❏ 我们似乎有一个非常简单的问题需要解决：对比深度学习在当前世界中的虚构脉冲。我们应首先构建一个节点数量为 100 的隐藏层。

❏ 由于批处理数据更好，所以为了获得良好的结果，我们使用 64 个数据点进行数据的批处理。其原因请参见 2.4 节中的"发现误差"部分。

接下来我们定义超参数并调用先前定义的函数以获取训练数据和测试数据。所有的神经网络模型均有 5 个典型的超参数，我们将对其进行定义。

```
epochs = 500
batches = 64
lr = 0.01
input_size = 10
output_size = 4
hidden_size = 100
```

我们需要在程序开始时定义输入和输出的大小，这将帮助我们在不同的地方使用输入和输出的大小，例如网络构造函数。隐藏层大小是隐藏层中神经元的数量。如果要手动设计神经网络，那么权重矩阵的大小为 input_size × hidden_size，这会将输入的 input_size 转换为 hidden_size。 epoch 是通过网络进行迭代的计数器值。

epoch 的概念最终决定了程序员如何定义迭代过程。通常，对于每个 epoch，都要遍历整个数据集，然后对每个 epoch 重复一次此操作。

```
for i in epoch:
    network_execution_over_whole_dataset()
```

学习率决定了在每次迭代中，网络从错误中获取反馈的速度。它通过遗忘网络从先前迭代中学到的知识来决定从当前这一轮迭代中学习什么。学习率恒定为 1 会使网络考虑全部错误，并根据全部错误调整权重。零学习率意味着零信息传递到网络。学习率是神经网络的梯度更新方程中的选择因子。对于每个神经元，我们运行以下公式来更新神经元的权重：

$$weight \mathrel{-}= lr \times loss$$

较低的学习率可帮助网络在下山峰时采取较小的步，而较高的学习率则倾向于让网络在迭代时采用较大的步。但是，这是有代价的。一旦损失逼近最小值，较高的学习率就可能会使网络跳过最小值，并导致网络永远无法找到最小值。从技术上讲，在每次迭代中，网络都会对近似值进行线性近似，而学习率将控制该近似值。

如果损失函数是高度弯曲的，那么以较高的学习率进行较长的步的迭代可能会学习到一个差的模型。因此，理想的学习率始终取决于具体问题和当前的模型架构。*Deep Learning Book*[4] 的第 4 章是了解学习的重要性的好资源。Coursera 上著名的 Andrew Ng 课程的插图很好地展示了学习率是如何影响网络学习的（图 2.2）。

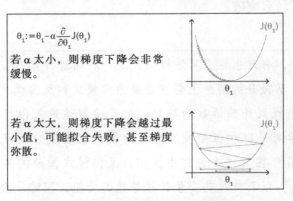

图 2.2　较低学习率和较高学习率的影响

2.3 新手模型

现在，我们将建立一个新手模型，它类似于 NumPy 的模型，而不使用任何 PyTorch 特定的方法。接下来，我们将把相同的模型转换为 PyTorch 的方法。如果你使用过 NumPy，就能很快上手，但是如果你是使用其他框架的资深深度学习从业者，就可跳过本节。

自动求导

既然我们知道张量是哪种类型，就可以根据从 get_numpy_data() 获得的 NumPy 数组创建 PyTorch 张量。

```
x = torch.from_numpy(trX).type(dtype)
y = torch.from_numpy(trY).type(dtype)
w1 = torch.randn(input_size, hidden_size,
                 requires_grad=True).type(dtype)
w2 = torch.randn(hidden_size, output_size,
                 requires_grad=True).type(dtype)
b1 = torch.zeros(1, hidden_size, requires_grad=True).type(dtype)
b2 = torch.zeros(1, output_size, requires_grad=True).type(dtype)
```

对于初学者来说，这可能看起来很吓人，但是，一旦你学习了基本的构建模块，它就只是六行代码。我们从 PyTorch 中最重要的模块开始介绍，该模块是 PyTorch 框架的核心——自动求导。它帮助用户进行自动微分，从而引导我们在深度学习领域取得了所有突破。

注： 自动微分，有时也称为算法微分，是一种通过计算机程序利用函数顺序执行运算的技术。自动微分的两种主要方法是前向模式和反向模式。在前向模式自动微分中，我们首先找到外部函数的导数，然后递归地进入内部，直到处理完成所有子节点。深度学习社群和框架使用的反向模式自动微分正好相反，它最早由塞波·林奈玛于 1970 年在其硕士论文中提出。反向模式微分的主要构建模块是存储中间变量的存储器，以及使这些变量计算导数的功能，同时导数从子节点移动到父节点。

正如 PyTorch 主页所介绍的，PyTorch 中所有神经网络的核心都是自动求导模块。 PyTorch 借助自动求导模块获得了动态的功能。在程序执行时，自动求导将每个操作写入磁带状数据结构并将其存储在内存中。

这是反向模式自动微分的关键特征之一。这有助于 PyTorch 的动态化，因为无论用户在前向过程中进行的操作是什么，都可以将其写入磁带，并且在反向传播开始时，自动求导可以在磁带上向后移动并随梯度一起移动，直到到达最外层。

磁带或内存的写入是可忽略的任务，PyTorch 通过在每次前向过程中将操作写入磁带，并通过在反向过程之后销毁磁带上的写入来实现它。尽管本书将尽可能少地使用数学方法，但是有关自动求导工作原理的数学示例将对你有所帮助。图 2.3 和图 2.4 分别说明了反向传播算法和使用链式法则进行自动求导的方法。图 2.3 中有一个小型网络，其中包含一个乘法节点和一个加法节点。乘法节点获取输入张量和权重张量，并将其传递到加法节点以与偏置项相加。

$$\text{Out} = X \times W + B$$

由于我们把方程分为几步，因此可以根据下一步找到每一步的斜率，然后使用链式法则将其链接在一起，从而根据最终输出得到权重上的误差。图 2.4 展示了自动求导如何将这些导数项链接起来以获得最终误差。

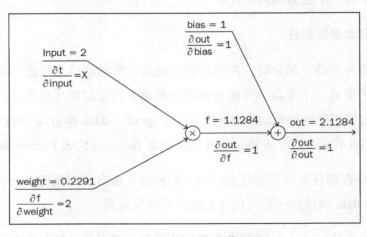

图 2.3　自动求导的工作原理

$$weight\ gradient = \frac{\partial t}{\partial weight} = \frac{\partial t}{\partial weight} \times \frac{\partial out}{\partial t} \times \frac{\partial out}{\partial out}$$

图 2.4　自动求导使用的链式法则

可以使用以下代码将图 2.4 转换为 PyTorch 图。

```
>>> import torch
>>> inputs = torch.FloatTensor([2])
>>> weights = torch.rand(1, requires_grad=True)
>>> bias = torch.rand(1, requires_grad=True)
>>> t = inputs @ weights
>>> out = t + bias
>>> out.backward()
>>> weights.grad
tensor([2.])
>>>bias.grad
tensor([1.])
```

通常情况下，用户可以使用两个主要的 API 来访问自动求导，这些 API 负责在构建神经网络时几乎会遇到的所有操作。

张量的自动求导属性

张量在成为图的一部分时，需要存储自动求导所需的信息以进行自动微分。张量充当计算图中的一个节点，并通过函数化模块实例连接到其他节点。张量实例主要具有三个属性用于支持自动求导（图 2.5）：.grad、.data 和 grad_fn()（注意字母大小写：Function 代表 PyTorch Function 模块，而 function 代表 Python 函数）。

.grad 属性存储任意节点在任意时间点的梯度，所有反向调用都会将当前梯度累积到 .grad。 .data 属性用于访问包含数据的裸张量对象。

前面代码中的 required_grad 参数告诉我们张量或自动求导引擎在进行反向传播

时需要梯度。在创建张量时，可以指定该张量是否需要梯度。在该示例中，我们不使用梯度更新输入张量（输入永远不会改变）：我们只需要更新权重即可。因为我们不会在迭代中更改输入，所以不需要对输入张量进行梯度计算。因此，在封装输入张量时，我们将 required_grad 参数置为 False，而对于权重，则置为 True。检查之前创建的张量实例的 .grad 和 .data 属性。

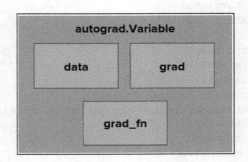

图 2.5   data、grad 和 grad_fn

张量实例和 Function 实例在图中是相互连接的，它们一起构成了非循环计算图。除了用户明确定义的张量以外，每个张量都与一个函数相连（若用户未明确创建张量，则必须由函数创建张量。例如，表达式 $c = a + b$ 中的 c 由加法函数创建）。你可以通过在张量上调用 grade_fn 来访问创建函数。打印 .grad、.data 和 .grade_fn() 的值结果如下：

```
print(x.grad, x.grad_fn, x)
# None None tensor([[...]])
print(w1.grad, w1.grad_fn, w1)
# None None tensor([[...]])
```

输入 x 和第一层权重矩阵 w1 目前没有 .grad 或 .grad_fn。我们将很快看到这些属性的更新方式和更新时间。x 的 .data 属性的形状为 900×10，因为我们输入了 900 个数据点，每个数据点大小均为 10（二值编码的数字）。现在我们已准备好进行数据迭代。

我们已经准备好输入、权重和偏置项，并等待数据输入。正如我们之前所看到的，PyTorch 是一个基于动态图的网络，该网络在每次迭代时构建计算图。因此，当我们遍历数据时，实际上是在动态地构建图，并在到达最后一个节点或根节点时对其进行反向传播。以下是一段实现代码。

```
for epoch in range(epochs):
    for batch in range(no_of_batches):
        start = batch * batches
        end = start + batches
        x_ = x[start:end]
        y_ = y[start:end]

        # building graph
        a2 = x_.matmul(w1)
        a2 = a2.add(b1)
        print(a2.grad, a2.grad_fn, a2)
        # None <AddBackward0 object at 0x7f5f3b9253c8>
                tensor([[...]])
        h2 = a2.sigmoid()
        a3 = h2.matmul(w2)
        a3 = a3.add(b2)
        hyp = a3.sigmoid()
        error = hyp - y_
        output = error.pow(2).sum() / 2.0

        # backpropagation
        w1.grad.zero_()
        w2.grad.zero_()
        b1.grad.zero_()
        b2.grad.zero_()
        output.backward()

        print(x.grad, x.grad_fn, x)
        # None None tensor([[...]])
        print(w1.grad, w1.grad_fn, w1)
        # tensor([[...]]), None, tensor([[...]])
        print(a2.grad, a2.grad_fn, a2)
        # None <AddBackward0 object at 0x7f5f3d42c780>
                tensor([[...]])

        # parameter update
        with torch.no_grad():
            w1 -= lr * w1.grad
            w2 -= lr * w2.grad
            b1 -= lr * b1.grad
            b2 -= lr * b2.grad
```

　　上述代码与第 1 章中的内容相同，第 1 章介绍了静态和动态计算图，但是在这里，我们从另一个视角来观察代码：模型说明。它从循环遍历每个 epoch 的批次开始，并用我们正在构建的模型处理每个批次。与基于静态计算图的框架不同，我们还未构建图。我们刚刚定义了超参数，并根据我们的数据生成了张量。

（1）构建图

我们正在构建的图如图 2.6 所示。

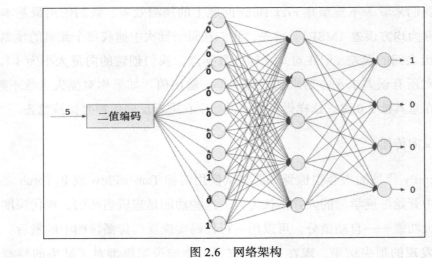

图 2.6　网络架构

　　第一层由批输入矩阵、权重和偏置项之间的矩阵乘法和加法组成。此时，张量 a2 应有一个 .grad_fn，这应该是矩阵加法的后向运算。但是，由于尚未进行反向过程，因此 .grad 应该返回 None，而 .data 将返回矩阵相乘后和偏置项相加的结果张量。神经元活动通过 sigmoid 激活函数定义，该函数在 h2（代表第二层中的隐藏单元）中给出输出。第二层采用相同的结构：矩阵乘法、偏置项加法和 sigmoid 激活函数。最后我们得到了 hyp，即预期的结果。

```
print(a2.grad, a2.grad_fn, a2)
# None <AddBackward0 object at 0x7f5f3b9253c8> tensor([[...]])
```

注：softmax——让 sigmoid 层针对分类问题输出预测值的用法并不常见，但我们保留了这种用法，因为这样可以使模型易于理解（因为它重复了第一层）。通常，分类问题由 softmax 层和交叉熵损失来解决，交叉熵损失会提高一类相对于另一类的概率。由于所有类别的概率加起来为 1，因此提高一个类别的概率会降低其他类别的概率，这是一个很好的特性。在以后的章节中将有更多关于交叉熵的内容。

（2）发现误差

现在我们来看一下模型在 Fizz Buzz 问题上的预测效果。我们使用最基本的回归损失，称为**均方误差**（MSE）。首先，我们在每个批次中捕获每个元素的预测输出和真实输出之间的误差（记住对每个输入数据点，我们创建的向量大小为 4）。然后，我们对所有误差求平方后求和，得到单一输出值。如果你对损失函数不熟悉，那么不必在意其被 2.0 除。这样做是为了使数字在进行反向传播时保持整齐。

（3）反向传播

有 NumPy 背景的人会很惊讶。那些从使用诸如 TensorFlow 或 PyTorch 之类的高级框架中开始深度学习的人并不认为以下这些功能是理所当然的。现代深度学习框架的强大功能——自动微分，可以用一行代码实现反向传播。图中的最后一个节点是我们发现的损失结果。现在，我们有了一个能说明模型对于结果的预测性能好坏的一个值，我们需要根据该值来更新参数。反向传播可以为此提供帮助。我们需要获取损失，然后将损失移回每个神经元，以发现每个神经元对模型性能的贡献。

参考损失函数的示意图（图 2.7），其中 y 轴是误差（模型的性能有多差）。最初，模型的预测是随机的，并且对于整个数据集来说确实是差的，也就是说，y 轴的误差很高。我们需要像下山一样将其向下移动：我们要爬下山并找到山谷中能提供接近准确结果的最低点。

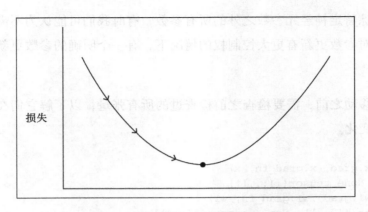

图 2.7　反向传播和损失下降的例子

　　反向传播通过找到每个参数应该移动的方向来实现这一目标，从而使整体损失不断降低。为此我们寻求微积分的帮助。任何函数相对于最终误差的导数都可以告诉我们图 2.7 中该函数的斜率是多少。因此，反向传播通过获取关于最终损失的每个神经元（通常每个神经元都是非线性函数）的导数并告诉我们移动的方向来实现这一目标。

　　如果没有框架的支持，那么实现该过程并不容易。实际上，找到每个参数的导数并进行更新是一项烦琐且容易出错的任务。在 PyTorch 中，你要做的就是在最后一个节点上调用 backward 方法，这会触发反向传播，并基于梯度更新 .grad。

　　PyTorch 中的 backward 方法会进行反向传播，并找出每个神经元的误差。但是，我们需要基于此误差来更新神经元的权重。更新误差的过程通常称为优化，而优化有不同的策略。PyTorch 为我们提供了另一个名为 optim 的模块，用于实现不同的优化算法。在之前的实践中，我们使用了基本且最受欢迎的优化算法，称为**随机梯度下降**（SGD）。在后面的章节中，当处理复杂的神经网络时，我们将看到不同的优化算法。

　　PyTorch 通过将反向传播和优化分解为不同的步骤，为我们提供了更大的灵活性。请记住，反向传播会在 .grad 中进行梯度累积。这样做很有用，特别是在项目以研究为导向、想深入研究权重 – 梯度关系或者想了解梯度的变化方式时。有时我们希望更新除特定神经元参数之外的所有参数，有时我们可能认为不需要更新特定层。在需要对参数更新有更大控制权的情况下，有一个明确的参数更新步骤是很有益处的。

在向前移动之前，需要检查之前检查过的所有张量，以了解它们在反向过程后发生了什么变化。

```
print(x.grad, x.grad_fn, x)
# None None tensor([[...]])
print(w1.grad, w1.grad_fn, w1)
# tensor([[...]], None, tensor([[...]]
print(a2.grad, a2.grad_fn, a2)
# None <AddBackward0 object at 0x7f5f3d42c780> tensor([[...]])
```

情况确实有所变化。由于我们创建输入张量时将 required_grad 设置为 False，因此首先进行打印，以确认输入的属性没有显示任何变化。w1 发生了变化。在反向过程之前，.grad 属性为 None，而现在它已经有了梯度。

权重是我们需要根据梯度更新的参数，于是我们得到了相应的梯度。我们没有梯度函数，因为它是由用户创建的，所以 grad_fn 仍然为 None，而 .data 仍然不变。如果我们尝试打印数据的值，那么它仍然是相同的，因为反向过程不会隐式更新张量。总之，在 x、w1 和 a2 中，只有 w1 有梯度。这是因为由内置函数（如 a2）创建的中间节点将不保存梯度，因为它们是无参数节点。影响神经网络输出的唯一参数是我们为层定义的权重。

（4）参数更新

参数更新或优化步骤采用反向传播生成的梯度，并使用一些将参数的贡献因子减小一步的策略来更新权重。然后重复此步骤，直到找到一组合适的参数。

所有由用户创建的张量都要求梯度在 gradient 属性中有值，并且参数需要更新。所有参数张量都具有 .data 属性和 .grad 属性，它们分别存储张量的值和梯度。显然，我们需要做的是获取梯度并将其从数据中减掉。但是，事实证明，从参数中减掉整个梯度并不是一个好主意。其背后的想法是，参数更新的数量决定了网络从每个示例（每次迭代）中学到的信息量，并且如果我们给出的特定示例是一个异常值，那么我们不希望网络学习虚假信息。

我们希望网络具有泛化能力，即只从所有示例中学习一点知识就能最终扩展到任何新示例上。因此，我们不是从数据中减少整个梯度，而是使用学习率来决定在特定更新中应使用多少梯度。寻找最佳学习率始终是一个重要的决定，因为这会影响模型的整体性能。其基本的经验法则是找到这样的学习率：该学习率应足够小以使模型最终能够学习，而又要足够大以至于不会永远无法收敛。

前面描述的训练策略称为梯度下降。诸如 Adam 之类的更复杂的训练策略将在下一章中进行讨论。梯度下降本身是从其他两个变体演变而来。如前所述，梯度下降的最原始版本是 SGD。通过使用 SGD，每个网络执行都在单个样本上运行，并使用从一个样本中获得的梯度更新模型，然后继续进行下一个样本上的操作。

SGD 的主要缺点是效率低。例如，以 FizBuz 数据集为例，它包含 1000 个大小为 10 的样本。一次执行一个样本需要将大小为 1×10 的张量作为输入传递给隐藏层，权重张量大小为 10×100，即把 1×10 的输入转换为 1×100 的隐藏状态。为了处理整个数据集，我们必须进行 1000 次迭代。通常，我们会在拥有数千个内核的 GPU 上运行我们的模型，但一次只处理一个样本无法使用 GPU 的全部性能。现在考虑一次传递整个数据集。第一层获得大小为 1000×10 的输入，该输入将转变为大小为 1000×100 的隐藏状态。这将非常有效率，因为张量乘法将在多核 GPU 上并行执行。

使用整个数据集的梯度下降的变体称为批量梯度下降。它并不比 SGD 更好：批量梯度下降虽然实际上提高了效率，但降低了网络的泛化能力。SGD 必须通过逐个处理样本来消除噪声，因此 SGD 梯度抖动很高，这会导致网络跳出局部最小值，而批量梯度下降避免了卡在局部最小值上的概率。

批量梯度下降的另一个主要缺点是其内存消耗。由于整个批次都在一起处理，所以需要将庞大的数据集加载到 RAM 或 GPU 内存中，在大多数情况下，这在我们尝试训练数百万个样本时不切实际。下一个变体是上述两种方法的混合，称为"小批量梯度下降"（人们通常会使用 SGD 来指代它）。

除了我们刚才介绍的新超参数、学习率和批次大小以外，其他所有内容均保持不变。我们用学习率乘以 .grad 来更新 .data，并针对每次迭代进行此操作。批处理大小的选择通常取决于可用的内存。我们使小批次尽可能大，以便可以将其放入 GPU 内存。在使用 GPU 提供的全部性能的同时，将整个批次分成小批次处理，以确保每次梯度更新都会产生足够的抖动，以便让模型摆脱局部最小值。

我们已经到了模型构建的最后一步。到目前为止，所有操作都很直观且很容易，但是最后一部分有点令人困惑。zero_grad 是做什么的？还记得 w1.grad 第一次打印出来的时候吗？当时它是空的，而现在它已经从当前反向过程中获得了梯度。因此，需要在下一个反向过程之前清空梯度，因为梯度会累积而不是被重写。参数更新后，在每次迭代中，对每个张量调用 zero_grad()，然后继续进行下一次迭代。

.grad_fn 通过连接函数和张量将图保持在一起。Function 模块中定义了对张量每种可能的操作。 所有张量的 .grad_fn 始终指向函数对象，除非用户创建了它。PyTorch 可以使用 grad_fn 方法反向遍历图。通过在 grad_fn 的返回值上调用 next_functions，可以从图中的任何节点到达任意父节点。

```
# traversing the graph using .grad_fn
print(output.grad_fn)
# <DivBackward0 object at 0x7eff00ae3ef0>
print(output.grad_fn.next_functions[0][0])
# <SumBackward0 object at 0x7eff017b4128>
print(output.grad_fn.next_functions[0][0].next_functions[0][0])
# <PowBackward0 object at 0x7eff017b4128>
```

在创建训练过程之后，立即在输出张量上打印 grad_fn，在 output 的情况下，由除法运算符执行最后的二除运算。然后，在任何梯度函数（或后向函数）上的 next_functions 调用将向我们展示返回输入节点的方式。在该示例中，在进行除法运算之前进行求和，求和函数将一个批次中所有数据点的平方误差相加。下一个运算是幂运算，该运算符用于对各误差进行平方。图 2.8 展示了用函数链接张量的想法。

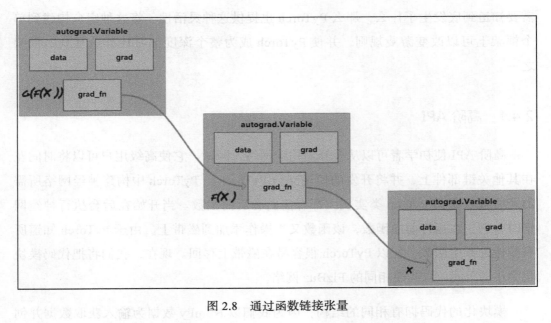

图 2.8　通过函数链接张量

2.4　PyTorch 方式

到目前为止，我们已经以 NumPy-PyTorch 混合形式开发了一个简单的二层神经网络。我们已经逐行实现了每个操作，就像在 NumPy 中所做的那样，并且采用了 PyTorch 中的自动微分，因此我们不必对反向过程进行代码实现。

在该过程中，我们学习了如何在 PyTorch 中封装矩阵（或张量），这有助于进行反向传播。使用 PyTorch 进行相同的操作更加方便，这就是我们将在本节中讨论的内容。PyTorch 可以访问内置的深度学习项目所需的几乎所有功能。由于 PyTorch 支持 Python 中可用的所有数学函数，所以，如果内核中不存在某个函数，则构建它并不是一项艰巨的任务。不仅可以构建所需的任何函数，而且 PyTorch 隐式定义了所构建函数的派生函数。

PyTorch 对需要了解低阶操作的人来说很有帮助，与此同时，PyTorch 通过 torch.nn 模块提供了高阶 API。因此，如果用户不想关注在内部发生了什么，而只需要构建模型，则 PyTorch 允许他这样做。同样，如果用户不喜欢黑盒操作，而是需要知道到底发生了什么，那么 PyTorch 也提供这种灵活性。将这种组合构建到单个框架上可以改变游戏规则，并使 PyTorch 成为整个深度学习社群最喜欢的框架之一。

2.4.1 高阶 API

高阶 API 使初学者可以从头开始构建网络，同时，它使高级用户可以将时间花在其他关键部件上，并将开发的模块交给 PyTorch。 PyTorch 中构建神经网络所需的所有模块都是 Python 类实例，都有前向和后向函数。当开始在后台执行神经网络时，它正在运行前向函数，该函数又将操作添加到磁带上。由于 PyTorch 知道所有操作的派生函数，所以 PyTorch 很容易在磁带上移回。现在，我们将把代码模块化为小的单元，以构建相同的 FizBuz 网络。

模块化的代码拥有相同的结构，因为我们以 NumPy 数据为输入获取数据并创建张量。其余的"复杂"代码可以替换为我们创建的模型类。

```
net = FizBuzNet(input_size, hidden_size, output_size)
```

我们使该类灵活地接受任意输入大小和输出大小，因此我们将输入改为单热编码而不是二进制编码将更容易。那么，这个 FizBuzNet 是从哪里来的？

```
class FizBuzNet(nn.Module):
    """
    2 layer network for predicting fiz or buz
    param: input_size -> int
    param: output_size -> int
    """

    def __init__(self, input_size, hidden_size, output_size):
        super(FizBuzNet, self).__init__()
        self.hidden = nn.Linear(input_size, hidden_size)
        self.out = nn.Linear(hidden_size, output_size)

    def forward(self, batch):
        hidden = self.hidden(batch)
        activated = torch.sigmoid(hidden)
        out = self.out(activated)
        return out
```

我们已经定义了 FizBuzNet 的网络结构，并将其封装在从 torch.nn.Module 继承的 Python 类中。PyTorch 中的 nn 模块是用于访问深度学习中所有流行层的高阶 API。接下来让我们逐步深入学习。

nn.Module

允许用户编写其他高阶 API 的高级 API 是 nn.Module。你可以将网络的每个可分离组件定义为继承自 nn.Module 的单独的 Python 类。例如，假设你想构建一个深度学习模型来交易加密货币。你已经从某个交易所收集了每种硬币的交易数据，并将该数据解析为可以输入网络的某种形式。现在你处于两难境地：如何对每种硬币进行排名？一种简单的方法是对硬币进行单热编码，然后将其传递给神经元，但是你并不满足于此。另一种简单的方法是构建另一个小模型来对硬币进行排名，你可以将该排名从该小模型传递到主模型作为输入。这看起来很简单且明智，但是你又该如何实现呢？请观察图 2.9。

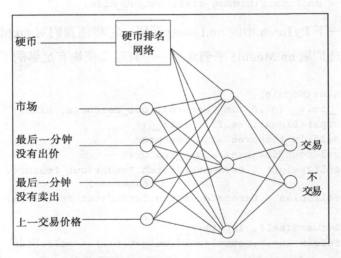

图 2.9　一个用于硬币排名的简单网络，并将其输出传递给主网络

nn.Module 使获得如此良好的抽象极其容易。当初始化 class 对象时，将调用 __init__()，这又将对网络层进行初始化并返回对象。nn.Module 实现了两个主要函数，即 __call__() 和 backward()，并且用户需要重写 forward() 和 __init__()。

一旦返回网络层的初始化对象，就可以通过调用 model 对象本身将输入数据传递给模型。通常，Python 对象不可调用。 要调用对象方法，用户必须显式调用它。但是，nn.Module 实现了函数 __call__()，该函数又将回调用户定义的 forward 函数。用户有权在前向调用中定义他想要的任何内容。

只要 PyTorch 知道如何在 forward 函数中进行反向传播，这就很安全。但是，如果想在 forward 中自定义函数或者网络层，则 PyTorch 允许对 backward 函数进行重写，并且该函数将在反向传递时执行。

用户可以选择在 __init__() 定义中构建层，这会涉及在新手模型中手动完成的权重和偏置项的创建。在后面的 FizBuzNet 中，__init__() 创建线性层。线性层也称为全连接层或稠密层，它在权重和输入之间进行矩阵乘法操作，并在内部进行偏置加法操作。

```
self.hidden = nn.Linear(input_size, hidden_size)
self.out = nn.Linear(hidden_size, output_size)
```

让我们看一下 PyTorch 中的 nn.Linear 源码，它将使我们对 nn.Module 的工作方式以及如何通过扩展 nn.Module 来创建另一个自定义模块有足够的了解：

```
class Linear(Module):
    def __init__(self, in_features, out_features, bias):
        super(Linear, self).__init__()
        self.in_features = in_features
        self.out_features = out_features
        self.weight = Parameter(torch.Tensor(out_features,
                                    in_features))
        self.bias = Parameter(torch.Tensor(out_features))

    def forward(self, input):
        return input.matmul(self.weight.t()) + self.bias
```

该代码片段是 PyTorch 源代码的 Linear 层的修改版本。用 Parameter 封装张量看起来像是一件奇怪的事情，但是不必担心。Parameter 类将权重和偏置添加到模块参数列表中，并且将在调用 model.parameters() 时可用。初始化程序将所有参数保存为对象属性。forward 函数的功能与我们在上一示例中的自定义线性层中的完全一样。

```
a2 = x.matmul(w1)
a2 = a2.add(b1)
```

在以后的章节中，我们将使用 nn.module 的更多重要功能。

（1）apply()

此函数可以帮助我们将自定义函数应用于模型的所有参数。它通常用于自定义
权重的初始化，但是，通常 model_name.apply(custom_function) 对每个模型参数执
行 custom_function。

（2）cuda() 和 cpu()

这些函数的目的与我们之前讨论的目的相同。但是，model.cpu() 将所有参数转
换为 CPU 张量，在模型中包含多个参数且分别将每个参数转换为 CPU 张量时，使
用该函数非常方便。

```
net = FizBuzNet(input_size, hidden_size, output_size)
net.cpu()      # convert all parameters to CPU tensors
net.cuda()     # convert all parameters to GPU tensors
```

这个决定在整个程序中应该是统一的。如果我们决定将网络保留在 GPU 上，
或者我们要传递 CPU 张量（张量存储于 CPU 内存中），那么它将无法对其进行处
理。在创建张量本身时，PyTorch 允许通过将张量类型作为参数传递给工厂函数
来执行此操作。理想的方法是使用 PyTorch 的内置 cuda.is_available() 函数测试
CUDA 是否可用，并创建相应的张量。

```
if torch.cuda.is_available():
    xtype = torch.cuda.FloatTensor
    ytype = torch.cuda.LongTensor
else:
    xtype = torch.FloatTensor
    ytype = torch.LongTensor
x = torch.from_numpy(trX).type(xtype)
y = torch.from_numpy(trY).type(ytype)
```

（3）train() 和 eval()

顾名思义，这些函数告诉 PyTorch，模型正在训练模式或评估模式下运行。仅当你要关闭或打开模块（如 Dropout 或 BatchNorm）时，这才有一定的作用。在以后的章中，我们将经常使用它们。

（4）parameters()

调用 parameters() 会返回所有模型参数，这对于优化器或使用参数进行实验非常有用。在我们开发的新手模型中，它有四个参数（w1、w2、b1 和 b2），并且我们使用梯度来逐行更新参数。但是，在 FizBuzNet 中，由于我们有一个模型类并且没有创建模型的权重和偏置，调用 .parameters() 是必经之路。

```
net = FizBuzNet(input_size, hidden_size, output_size)

#building graph
# backpropagation
# zeroing the gradients

with torch.no_grad():
    for p in net.parameters():
        p -= p.grad * lr
```

无须用户逐行写下每个参数更新，我们可以将其归纳为 for 循环，因为 .parameters() 返回所有属于特定张量且具有 .grad 和 .data 属性的参数。虽然我们有更好的方法来更新权重，但如果不需要使用诸如 Adam 的权重更新策略，那么这是最常用、最直观的更新权重的方法之一。

（5）zero_grad()

这是使梯度为零的便捷函数。但是，与我们在新手模型中执行此操作的方式不同，它是一个更容易且更直接的函数调用。当使用具有 zero_grad 功能的模型时，我们不必查找每个参数并分别对其调用 zero_grad，但是对模型对象的一次调用将使所有参数的梯度变为零。

（6）其他层

nn 模块中包含不同的层，这些层几乎涵盖当前的深度学习技术构建的所有内容。

nn.Module 中的一个重要的层是序列容器，它提供了一种简易的 API 来构建模型对象。

如果模型结构是连续且直接的，则无须用户编写代码实现类结构。FizBuzNet 具有 Linear | Sigmoid | Linear | Sigmoid 的结构，可以基于 Sequential 一行代码实现，这就像我们之前构建的 FizBuzNet 网络一样：

```
import torch.nn as nn

net = nn.Sequential(
    nn.Linear(i, h),
    nn.Sigmoid(),
    nn.Linear(h, o),
    nn.Sigmoid())
```

2.4.2　functional 模块

nn.functional 模块具有我们所需的将网络节点连接在一起的操作。在模型中，我们使用 functional 模块中的 sigmoid 作为非线性激活函数。functional 模块具有更多功能，例如正在执行的所有数学函数都指向 functional 模块。在以下示例中，乘法运算符从 functional 模块调用 mul 运算符：

```
>>> a = torch.randn(1,2)
>>> b = torch.randn(2,1,requires_grad=True)
>>> a.requires_grad
False
>>> b.requires_grad
True
>>> c = a @ b
>>> c.grad_fn
<MmBackward at 0x7f1cd5222c88>
```

functional 模块也有网络层，但是它比 nn 提供的网络层抽象性要低，而比我们构建新手模型的方式要抽象性要高。

```
>>> import torch
>>> import torch.nn.functional as F
>>> a = torch.Tensor([[1,1]])
>>> w1 = torch.Tensor([[2,2]])
>>> F.linear(a,w1) == a.matmul(w1.t())
tensor([[1]], dtype=torch.uint8)
```

如前面的示例所示，F.linear 允许我们传递权重和输入，并返回与在新手模型中使用 matmul 得到的相同的值。functional 中的其他层也以相同的方式工作。

注： sigmoid 激活函数——激活函数会在神经网络各层之间产生非线性。这是必不可少的，因为在没有非线性的情况下，各层之间只是将输入值与权重相乘。在这种情况下，神经网络的单层可以完成 100 层的确切功能；这只是增加或减少权重值的问题。sigmoid 激活函数可能是最传统的激活函数。它将输入压缩至 [0, 1] 的值域范围，如图 2.10 所示。

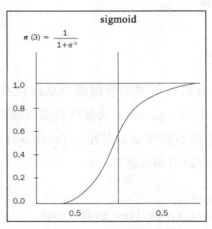

图 2.10　sigmoid 激活函数

尽管 sigmoid 将非线性操作用于输入，但其不会产生以 0 为中心的输出。梯度消失和计算代价昂贵是 sigmoid 的其他缺点，由于这些缺点，如今几乎所有深度学习从业人员都没有在任何用例中使用 sigmoid。寻找合适的非线性是一个主要的研究领域，人们已经提出更好的非线性解决方案，例如 ReLU、Leaky ReLU 和 ELU。在以后的章节中，我们将介绍它们（大多数）。

在 FizBuzNet 的 forward 函数中，我们有两个线性层和两个非线性激活层。通常，forward 函数的输出返回的是代表概率分布的对数，在概率分布中，正确的类将获得较高的概率值。但是在我们的模型中，我们从 sigmoid 返回输出。

2.4.3 损失函数

现在我们有了由 FizBuzNet 返回的预测，接下来我们需要得到模型预测的良好程度，然后对误差进行反向传播。我们调用损失函数来发现误差，在社群中存在不同的损失函数。PyTorch 在 nn 模块中内置了所有常用的损失函数。损失函数以预测 logit 和实际值为输入，并在其上应用损失函数以得到损失得分。这个过程给出了误差率，该误差率代表了模型预测的好坏。在新手模型中，我们使用了基本的 MSE 损失，该损失已在 nn 模块中由 MSELoss() 方法定义。

```
loss = nn.MSELoss()
output = loss(hyp, y_)
output.backward()
```

nn 模块具有更复杂的损失函数，它们比我们在后面的章中将看到的要复杂得多，但是对于当前的用例，我们将使用 MSELoss。我们使用 nn.MSELoss() 创建的损失节点等同于在第一个示例中定义的损失：

```
error = hyp - y_
output = error.pow(2).sum() / 2.0
```

然后，由 loss(hyp, y_) 返回的节点将是叶子节点，我们可以在该叶子节点上调用 backward() 来得到梯度。

2.4.4 优化器

在新手模型中，在调用 backward() 之后，我们通过减掉梯度的一部分来更新权重。我们通过显式调用权重参数来做到这一点。

```
# updating weight
with torch.no_grad():
    w1 -= lr * w1.grad
    w2 -= lr * w2.grad
    b1 -= lr * b1.grad
    b2 -= lr * b2.grad
```

但是，对于有很多参数的大模型，我们无法做到这一点。更好的替代方法是像我们之前看到的那样循环遍历 net.parameters()，但是这样做的主要缺点是循环遍历 Python 中的参数，这是一个样板。此外，还有不同的权重更新策略。我们使用的是最基本的梯度下降方法。复杂的方法可以处理学习率衰减、动量等。这些方法帮助网络以比普通 SGD 更快的速度达到全局最小值。

optim 包是 PyTorch 提供的替代方案，可有效处理权重更新。除此之外，一旦使用模型参数初始化了优化器对象，用户就可以在优化器对象上调用 zero_grad。因此，不需要像之前那样显式地在每个权重 – 偏置参数上调用 zero_grad。

```
w1.grad.zero_()
w2.grad.zero_()
b1.grad.zero_()
b2.grad.zero_()
```

optim 包内置了所有流行的优化器。在这里，我们使用完全相同的优化器——SGD：

```
optimizer = optim.SGD(net.parameters(), lr=lr)
```

现在，optimizer 对象具有模型参数。optim 包提供了一个方便的函数，称为 step()，该函数根据优化器定义的策略进行参数更新：

```
for epoch in range(epochs):
    for batch in range(no_of_batches):
        start = batch * batches
        end = start + batches
        x_ = x[start:end]
        y_ = y[start:end]
        hyp = net(x_)
        loss = loss_fn(hyp, y_)
        optimizer.zero_grad()
        loss.backward()
        optimizer.step()
```

该代码循环遍历批次并对输入批次调用 net。经 net(x_) 返回的 hyp 与实际值 y_ 一起被传递到损失函数中。损失函数返回的误差被用作叶子节点来调用 backward()。然后我们调用 optimizer 的 step() 函数，该函数将更新参数。在参数更新后，用户负责将梯度归零，这可以通过 optimizer.zero_grad() 来实现。

2.5　总结

在本章中，我们学习了如何以最基本的方式构建简单的神经网络，并将其构建方式转换为 PyTorch 的方式。这是深度学习基本构建模块的起点。一旦我们知道了所遵循方法的方式和原因，我们就能够迈出重要的一步。任何深度学习模型，无论其大小、应用场景或算法如何，都可以使用我们在本章中学到的概念来构建。因此，全面理解本章对于以后的内容至关重要。在下一章中，我们将深入研究深度学习工作流程。

参考资料

1. Fizz buzz Wikipedia page, https://en.wikipedia.org/wiki/Fizz_buzz
2. Division (mathematics) Wikipedia page, https://en.wikipedia.org/wiki/Division_(mathematics)
3. Joel Grus, *Fizz Buzz in Tensorflow*, http://joelgrus.com/2016/05/23/fizz-buzz-in-tensorflow/
4. Ian Goodfellow, Yoshua Bengio and Aaron Courville, *Deep Learning Book*, http://www.deeplearningbook.org/

深度学习工作流

尽管深度学习正在从学术界向工业界转型，且每天为数百万用户的需求提供动力，但该领域的新参与者仍然难以为深度学习建立工作流。本章旨在介绍 PyTorch 可以提供帮助的工作流部分。

PyTorch 是由 Facebook 的一名实习生作为研究框架启动的，现已发展到其后端由超级优化的 Caffe2 内核支持的阶段。因此，简而言之，PyTorch 可用作研究或原型框架，同时，它可用于编写高效的具有服务模块的模型，并且可以部署到单板计算机和移动设备中。

典型的深度学习工作流从围绕问题的构思和研究开始，这是架构设计和模型决策发挥作用的地方。然后，使用原型对理论模型进行实验。这包括尝试不同的模型或技术（如跳过连接），或决定不尝试什么。此外，为原型选择正确的数据集并将数据集无缝添加到流程对于此阶段至关重要。一旦模型实现并用训练集和验证集进行了验证，就可以针对生产服务对模型进行优化。图 3.1 描述了包含五个阶段的深度学习工作流。

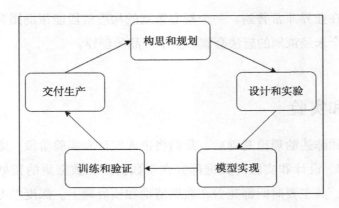

图 3.1 深度学习工作流

前述的深度学习工作流与业内几乎每个人实现的工作流基本一致，即使对于高度复杂的实现，也只是略有不同。本章将简要介绍第一个阶段和最后一个阶段，并深入中间三个阶段的核心，即设计和实验、模型实现以及训练和验证。

工作流中的最后阶段通常是人们经常挣扎的地方，尤其是当应用程序的规模相当大时。如前所述，虽然 PyTorch 是作为一个面向研究的框架构建的，但社群成功地将 Caffe2 集成到了 PyTorch 的后端，该后端为 Facebook 使用的数千个模型提供动力。因此，在第 8 章中，我们通过使用 ONNX、PyTorch JIT 等的示例来全面讨论将模型交付生产的相关内容，以展示如何部署 PyTorch 模型来满足数以百万计的请求，以及如何将模型迁移到单板计算机和移动设备上。

3.1 构思和规划

通常，在公司中，产品团队会向工程团队做问题陈述，以了解工程团队是否能够解决问题。这是构思阶段的开始。在学术界，这可能是决策阶段，其中候选人必须为其论文找到研究问题。在构思阶段，工程师集思广益，以找到可能解决问题的理论实现。除了将问题转换为理论解决方案外，构思阶段还是我们决定数据类型以及应该使用什么数据集来构建**最小可行产品**（MVP）的**概念证明**（POC）。这是团队通过分析问题陈述、现有可用实现、可用预训练模型等来决定使用哪个框架的阶段。

这个阶段在业界非常普遍，一个精心策划的构思阶段能帮助团队按时推出可靠的产品，而一个未经策划的想法会破坏整个产品的创建。

3.2 设计和实验

在构建问题陈述的理论基础后，我们将进入设计和实验阶段，通过尝试几个模型来构建 POC。设计和实验的关键部分在于数据集和数据集的预处理。对于任何数据科学项目，其主要时间都花费在数据清洗和预处理上。深度学习与其没有什么不同。

数据预处理是构建深度学习流程的重要组成部分。现实世界中的数据集通常没有为神经网络进行过清洗或格式化。在进一步处理之前，需要将数据转换为浮点数或整数，并进行归一化等。构建数据处理流程也是一项有难度的任务，它涉及编写大量样板代码。为了简化操作，数据集生成器和 DataLoader 流程包被内置在 PyTorch 的核心。

3.2.1 数据集和 DataLoader 类

不同类型的深度学习问题需要不同类型的数据集，每个数据集可能需要不同类型的预处理，具体取决于我们使用的神经网络结构。这是深度学习流程建设的核心问题之一。

尽管社群已为不同的任务免费提供数据集，但编写预处理脚本总是令人痛苦的。PyTorch 通过提供抽象类来编写自定义数据集和数据加载器，以此解决此问题。此处给出的示例是一个简单的 dataset 类，用于加载我们在第 2 章中使用的 fizbuz 数据集，但扩展该数据集以处理任何类型的数据集是相当简单的。PyTorch 的官方文档使用类似的方法来对图像数据集进行预处理，然后再将其传递给复杂的**卷积神经网络**（CNN）架构。

PyTorch 中的 dataset 类是一个高级抽象，它可以处理数据加载器所需的几乎所有内容。用户的自定义 dataset 类需要覆盖父类的 __len__ 函数和 __getitem__ 函数，其中数据加载器使用 __len__ 来确定数据集的长度，数据加载器使用 __getitem__ 来获取数据。__getitem__ 函数希望用户将索引作为参数传递，并获取在该索引上的数据。

```python
from dataclasses import dataclass
from torch.utils.data import Dataset, DataLoader


@dataclass(eq=False)
class FizBuzDataset(Dataset):
    input_size: int
    start: int = 0
    end: int = 1000

    def encoder(self,num):
        ret = [int(i) for i in '{0:b}'.format(num)]
        return[0] * (self.input_size - len(ret)) + ret

    def __getitem__(self, idx):
        x = self.encoder(idx)
        if idx % 15 == 0:
            y = [1,0,0,0]
        elif idx % 5 ==0:
            y = [0,1,0,0]
        elif idx % 3 == 0:
            y = [0,0,1,0]
        else:
            y = [0,0,0,1]
        return x,y

    def __len__(self):
        return self.end - self.start
```

自定义数据集的实现使用 Python 3.7 中的全新 dataclasses。dataclasses 通过使用动态代码生成帮助消除 Python 神奇函数（如 __init__）的样板代码。这需要对代码进行类型化，即类内前三行的作用。你可以在 Python 的官方文档[1]中了解有关 dataclasses 的更多内容。

__len__ 函数返回传递给类的结束值和开始值之间的差。在 fizbuz 数据集中，数据由程序生成。数据生成的实现位于 __getitem__ 函数内，其中类实例基于

DataLoader 传递的索引生成数据。PyTorch 使类抽象尽可能通用，以便用户可以定义数据加载器为每个 ID 返回的内容。在此特定情况下，类实例返回每个索引的输入和输出，其中输入 x 是索引本身的二进制编码器版本，输出是具有四种状态的单热编码输出。这四种状态分别表示下一个数字是 3 的倍数（fizz）、5 的倍数（buzz）、3 和 5 的倍数（fizzbuzz）、既不是 3 也不是 5 的倍数。

注：对于 Python 的新手，首先可以通过查看整数上的循环来理解数据集的工作方式，即从零到数据集的长度（当调用 len(object) 时，__len__ 函数返回的长度）。以下代码段展示了简单的循环。

```
dataset = FizBuzDataset()
for i in range(len(dataset)):
    x, y = dataset[i]

dataloader = DataLoader(dataset, batch_size=10, shuffle=True,
                        num_workers=4)
for batch in dataloader:
    print(batch)
```

DataLoader 类接受从 torch.utils.data.Dataset 继承的 dataset 类。DataLoader 接受 dataset，并执行复杂的操作，如小批次处理、多线程、随机打乱等，以便从数据集中获取数据。它接受来自用户的 dataset 实例，并使用采样器策略将数据采样为小批次。

num_worker 参数决定应该操作多少个并行线程来获取数据。这有助于避免 CPU 瓶颈，以便 CPU 能够赶上 GPU 的并行操作。数据加载器允许用户指定是否使用固定的 CUDA 内存，该内存将数据张量复制到 CUDA 的固定内存中，然后再将其返回给用户。使用固定内存是设备之间进行快速数据传输的关键，因为数据加载器本身将数据加载到固定内存中，无论如何，这由 CPU 的多个内核完成。

通常，特别是在原型设计期间，自定义数据集可能不适用于开发人员，在这种情况下，他们必须依赖现有的开放数据集。研究开放数据集的好处是，大多数数据集没有许可负担，而且成千上万的人已经尝试对其进行预处理，因此社群将提供帮助。PyTorch 为所有三种类型的数据集提供了实用程序包，包含预先训练的模型、预处理过的数据集和用于处理这些数据集的实用函数。

3.2.2　实用程序包

社群为视觉（torchvision）、文字（torchtext）和音频（torchaudio）分别制作了不同的实用程序包。这些包解决了不同数据域中的相同问题，以免用户担心在所有用例中都可能遇到的数据处理和清洗问题。事实上，所有实用程序包都可以轻松插入任何理解或不理解 PyTorch 数据结构的程序中。

1. torchvision

```
pip install torchvision
```

torchvision 是 PyTorch 中最成熟、最常用的实用程序包，由数据集、预训练模型和预构建的转换脚本组成。torchvision 具有强大的 API，使用户能够轻松进行数据的预处理，在没有数据集的原型制作阶段尤其有用。

torchvision 的功能分为三个部分：用于几乎所有计算机视觉问题的预加载的、可下载的数据集；用于流行的计算机视觉架构的预训练模型；计算机视觉问题中使用的常见转换功能。torchvision 包的功能 API 的简单性允许用户编写自定义数据集或转换函数。表 3.1 列出了 torchvision 包中可用的所有当前数据集及其描述。

表　3.1

数据集	描　　述
MNIST	包含 70 000 个 28×28 的手写数字的数据集
KMNIST	排列形式如 MNIST 的平假名字符数据集
Fashion-MNIST	包含 70 000 个 28×28 的标记流行图像的类 MNIST 数据集
EMNIST	包含 28×28 的手写字符数字的数据集
COCO	大规模目标检测、分割和字幕数据集
LSUN	大规模场景理解挑战的数据集，和 COCO 类似

（续）

数据集	描　述
Imagenet-12	2012 年大规模图像识别挑战中的包含 1400 万张图像的数据集
CIFAR	包含 60 000 张 32×32 的标注为 10/100 类的彩色图像的数据集
STL10	受到 CIFAR 启发的另一个图像数据集
SVHN	街道房屋号码的数据集，和 MNIST 类似
PhotoTour	华盛顿大学提供的旅游景点数据集

以下代码片段给出了 MNIST 数据集的一个示例。表 3.1 中的所有数据集都需要传递一个位置参数，即要下载的数据集的路径或已下载数据集的存储路径。数据集的返回值打印有关数据集状态的基本信息。稍后，我们将使用相同的数据集来进行转换，并查看数据集输出的描述。

```
>>> mnist = v.datasets.MNIST('.', download=True)
Downloading …
Processing…
Done!


>>> mnist
Dataset MNIST
    Number of datapoints: 60000
    Split: train
    Root Location: .
    Transforms (if any): None
    Target Transforms (if any): None
```

torchvision 使用 Pillow（PIL）作为加载图像的默认后端。借助 torchvision.set_image_ backend(backend) 这一方便的函数，它可以被更改为任何兼容的后端。torchvision 提供的所有数据都继承了 torch.utils.data.Dataset 类，因此，每个数据都实现了 __len__ 和 __getitem__。这两个神奇的函数使所有数据集都与 DataLoader 兼容，就像我们使用 DataLoader 实现简单数据集并加载它一样。

```
>>> mnist[1]
(<PIL.Image.Image image mode=L size=28x28 at 0x7F61AE0EA518>, tensor(0))
>>> len(mnist)
60000
```

　　如果用户已有需要从磁盘上的位置读取的图像数据，那该怎么办？传统的方法是编写一个预处理脚本，该脚本循环访问图像并使用任何包（如 PIL 或 skimage）加载图像，并可能通过 NumPy 将其传递给 PyTorch（或任何其他框架）。

　　torchvision 也有一个解决方案。一旦图像数据集存储在具有适当目录层次结构的磁盘中，则 torchvision.ImageFolder 可以假定所需的信息来自目录结构本身，就像我们使用自定义脚本时所做的一样，并使用户更容易进行加载。给出的代码片段和文件夹结构显示了其工作所需的简单步骤。一旦图像作为类名存储在层次结构的最后一个文件夹中（图像的名称在这里并不重要），则 ImageFolder 会读取数据并智能地积累所需的信息。

```
>>> images = torchvision.datasets.ImageFolder('/path/to/image/folder')
>>> images [0]
(<PIL.Image.Image image mode=RGB size=1198x424 at 0x7F61715D6438>, 0)
/path/to/image/folder/class_a/img1.jpg
/path/to/image/folder/class_a/img2.jpg
/path/to/image/folder/class_a/img3.jpg
/path/to/image/folder/class_a/img4.jpg

/path/to/image/folder/class_b/img1.jpg
/path/to/image/folder/class_b/img2.jpg
/path/to/image/folder/class_b/img3.jpg
```

　　torchvision 的 models 模块包含一些可以开箱即用的流行模型。由于现在大多数高级模型都通过迁移学习来获得由其他结构学到的权重（例如，本章中的语义分割模型使用经过训练的 resnet18 网络），这是最常用的 torchvision 功能之一。以下代码片段演示如何从 torchvision.models 下载 resnet18 模型。pretrained 的标志告诉 torchvision 只使用模型或从 PyTorch 服务器下载预训练模型。

```
>>> resnet18 = torchvision.models.resnet18(pretrained=False)
>>> resnet18 = torchvision.models.resnet18(pretrained=True)
>>> for param in resnet18.layer1.parameters():
        param.requires_grad = False
```

　　PyTorch 的 Python API 允许用户冻结其决定不进行训练的模型部分。前面的代码中给出了一个示例。遍历 resnet18 第一层的参数的循环使得可以访问每个参数的 requires_grad 属性，这是自动求导在反向传播进行梯度更新时要寻找的标志。将 requires_grad 设置为 False 可以从 autograd 中屏蔽该特定参数，并保持权重冻结。

torchvision 的 transforms 模块是另一个主要部分，它是用于数据预处理和数据增强的实用程序模块。transforms 模块为常用的预处理功能（如填充、裁剪、灰度缩放、仿射变换、将图像转换为 PyTorch 张量等）提供了开箱即用的实现，以及一些数据扩充实现（如翻转、随机裁剪和颜色抖动）。Compose 将多个转换组合在一起，以创建单个流程对象。

```
transform = transforms.Compose(
    [
        transforms.ToTensor(),
        transforms.Normalize(mean, std),
    ]
)
```

前面的示例展示了 transforms.Compose 将 ToTensor 和 Normalize 组合在一起以形成一个流程的过程。ToTensor 将三通道输入 RGB 图像转换为大小为"通道 × 宽度 × 高度"的三维张量。这是 PyTorch 中视觉网络预期的尺寸顺序。

ToTensor 还将每个通道的像素值从 0 ～ 255 的范围转换为 0.0 ～ 1.0 的范围。transforms.Normalize 进行均值和标准差的简单归一化。因此，Compose 循环遍历所有转换，并调用具有上一个转换结果的转换。以下是来自源代码的 torchvision 转换组合的 __call__ 函数。

```
def __call__(self, img):
    for t in self.transforms:
        img = t(img)
    return img
```

转换需要大量的实用程序，这些实用程序在不同的实例中都很有用。查看 torchvision 不断改进的文档以便详细了解更多功能，始终是一件好事。

2. torchtext

```
pip install torchtext
```

torchtext 保留了自己的 API 结构，这与 torchvision 和 torchaudio 完全不同。torchtext 是一个非常强大的库，可以执行自然语言处理（NLP）数据集所需的预处理任务。它附带一组用于常见 NLP 任务的数据集，但与 torchvision 不同，它没有可供下载的已预训练的网络。

torchtext 可以插入输入端或输出端的任何 Python 包。通常，spaCy 或 NLTK 是帮助 torchtext 完成预处理和词汇加载的好选项。torchtext 将 Python 数据结构作为输出，因此可以连接到任何类型的输出框架，而不仅仅是 PyTorch。由于 torchtext 的 API 与 torchvision 或 torchaudio 的不同，并且不像它们那样简单，所以接下来将用一个示例来说明 torchvision 在 NLP 中的主要作用。

torchtext 本身是一个封装实用程序，不支持语言操作，这就是为什么在以下示例中使用了 spaCy。对于这个例子，我们使用文本检索会议（TREC）的数据集，它是一个问题分类器，如表 3.2 所示。

表　3.2

Text	Label
How do you measure earthquakes?	DESC
Who is Duke Ellington?	HUM

此类型数据集上的 NLP 任务的标准数据预处理流程包括：

❑ 将数据集划分为训练集、测试集和验证集。
❑ 将数据集转换为神经网络可以理解的形式。数值化、单热编码和词嵌入是常用方法。
❑ 批处理。
❑ 填充到最长序列的长度。

如果没有像 torchtext 这样的帮手，那么这些平凡的任务将是令人沮丧且没有回报的。我们将使用 torchtext 强大的 API 来简化所有这些任务。

torchtext 有两个主要模块：Data 模块和 Datasets 模块。正如官方文档所指出的，Data 模块承载多个数据加载器、抽象和文本（包括词汇和词向量）迭代器，而 Datasets 模块具有用于常见 NLP 任务的预构建数据集。

在将文本转换为向量之前，我们将使用本示例中的 Data 模块加载 tab 分隔的数据，并使用 spaCy 的分词来预处理数据。

```
spacy_en = spacy.load('en')

def tokenizer(text):
    return [tok.text for tok in spacy_en.tokenizer(text)]

TEXT = data.Field(sequential=True, tokenize=tokenizer, lower=True)
LABEL = data.Field(sequential=False, use_vocab=True)

train, val, test = data.TabularDataset.splits(
    path='./data/', train='TRECtrain.tsv',
    validation='TRECval.tsv', test='TRECtest.tsv', format='tsv',
    fields=[('Text', TEXT), ('Label', LABEL)])
```

该代码片段的第一部分在 spaCy 中加载英语语言，并定义分词函数。下一部分是使用 torchtext.data.Field 定义输入和输出字段的位置。在将数据加载到 DataLoader 之前，Field 类用于定义预处理步骤。

Field 变量 TEXT 在所有输入句子之间共享，Field 变量 LABEL 在所有输出标签之间共享。示例中的 TEXT 是有序的，它告诉 Field 实例数据是按顺序相关的，分词是将其分块成更小部分的更好选项。如果将 sequential 设置为 False，则不会在数据上应用分词。

由于 TEXT 的 sequential 为 True，所以我们开发的分词函数被设置为 tokenizer。此选项默认为 Python 的 str.split，但我们需要更智能的分词，这就是 spaCy 的分词可以帮助我们的地方。

标准 NLP 流程的另一个重要不同是将所有数据转换为同样的大小写。将 lower 设置为 True 可以实现这一点，但默认情况下其为 False。除了示例中给出的三个参数之外，Field 类接受许多其他参数，其中包括：修复序列长度的 fix_length; pad_token，默认为 <pad>，用于填充序列以匹配 fixed_length 或批处理中最长序列的长度；unk_token，默认为 <unk>，用于替换没有词汇向量的标记。

Field 的官方文档详细介绍了所有参数。LABEL 字段的 sequential 设置为 False，因为我们只有一个单词作为标签。这对于不同的实例来说非常方便，尤其是语言翻译（输入和输出都是序列）的情况。

Field 的另一个重要参数是 use_vocab，默认情况下设置为 True。此参数告诉 Field 实例是否对数据使用词汇生成器。在示例数据集中，我们使用输入和输出作为单词，甚至将输出转换为词向量也是有意义的，但在几乎所有情况下，输出都将是一个单热编码向量或将进行数值化。将 use_vocab 设置为 False 在 tochtext 不将其转换为词嵌入字典的索引的情况下有用。

在使用 Field 设置预处理机制后，我们可以将它们和数据的地址传递给 DataLoader。现在，DataLoader 负责从磁盘加载数据，并通过预处理流程传递数据。

Data 模块有多个 DataLoader 实例。我们在这里使用的是 TabularDataset，因为我们的数据是 TSV 格式的。torchtext 的官方文档展示了其他示例，如 JSON 加载程序。TabularDataset 接受磁盘中数据位置的路径以及训练数据、测试数据和验证数据的名称。这对于加载不同的数据集非常方便，因为将数据集加载到内存中只需要不到五行代码。正如前面所述，我们将之前创建的 Field 对象传递给 DataLoader，它知道如何立即进行预处理。DataLoader 返回用于训练、测试和验证数据的 torchtext 对象。

我们仍必须根据一些预先训练的词嵌入字典构建词汇表，并将数据集转换为字典中的索引。Field 对象通过称为 build_vocab 的 API 支持此操作。但在这里，它变得有点奇怪，并成为一种循环依赖，但不要担心，我们会习惯的。

Field 的 build_vocab 要求我们传递由 DataSet.split 函数返回的 data 对象。这使得 Field 知道数据集中的单词、总词汇的长度等。build_vocab 方法还可以为你下载预先训练的词汇向量。通过 torchtext 得到的可用词嵌入包括：

❏ 字符 n-gram

❑ FastText

❑ Glove 向量

```
TEXT.build_vocab(train, vectors="glove.6B.50d")
LABEL.build_vocab(train, vectors="glove.6B.50d")
train_iter, val_iter, test_iter = data.Iterator.splits(
    (train, val, test), sort_key=lambda x: len(x.Text),
    batch_sizes=(32, 99, 99), device=-1)

print(next(iter(test_iter)))

# [torchtext.data.batch.Batch of size 99]
# [.Text]:[torch.LongTensor of size 16x99]
# [.Label]:[torch.LongTensor of size 99]
```

一旦词汇已建立，我们就可以要求 torchtext 提供迭代器，它可以循环执行神经网络。前面的代码片段展示了 build_vocab 接受参数，然后调用 Iterator 包的 splits 函数，并创建三个不同的迭代器分别用于我们的训练数据、验证数据和测试数据的过程。

将 device 参数设置为 –1，令它使用 CPU。如果该参数的值为 0，则 Iterator 将数据加载到默认 GPU，或者我们可以指定设备编号。批次大小需要我们传递的每个数据集的批次大小。在这种情况下，我们有三个分别用于训练、验证和测试的数据集，因此我们传入了具有三个批次大小的元组。

sort_key 使用我们传递的 lambda 函数对数据集进行排序。在某些情况下，对数据集进行排序有所帮助，而在大多数情况下，随机性有助于网络学习一般情况。迭代器足够智能，可以根据传入参数的批次大小对输入数据集进行分批处理，但这不是其全部功能——它可以动态地将所有序列填充到每个批次中最长序列的长度。Iterator 的输出（如 print 语句所示）是大小为 16 × 99 的 TEXT 数据，其中 99 是我们为测试数据集传递的批次大小，16 是该特定批次中最长序列的长度。

如果 Iterator 类需要更智能地处理事情，那么该怎么办？如果数据集用于语言建模，并且我们需要一个用于**随时间反向传播**（BPTT）的数据集，会怎么样？torchtext 也抽象了这些模块，它们是从我们刚刚使用的 Iterator 类继承下来的。

BucketIterator 模块可以更智能地将序列分组到一起，以便具有相同长度的序列位于单个组中，从而减少会在数据集中引入噪声的不必要填充的长度。BucketIterator 还会在每个 epoch 中随机排列批次，并在数据集中保持足够的随机性，使网络无法从数据集的顺序中进行学习，因为数据集中的顺序基本上不会提供任何实际信息。

BPTTIterator 是从 Iterator 类继承的另一个模块，它对语言建模数据集有所帮助，且需要从 t+1 获取来自 t（其中 t 为时间）的每个输入的标签。BPTTIterator 获取连续输入数据流和连续输出数据流（在翻译网络中输入流和输出流可能不同，但它们在语言建模网络中可能相同），将其转换为遵循前述时间序列规则的迭代器。

torchtext 还保存了用于开箱即用用例的数据集。如下是一个示例，可以看到访问可用的数据是很容易的。

```
>>> import torchtext
>>> from torchtext import data
>>> TextData = data.Field()
>>> LabelData = data.Field()
>>> dataset = torchtext.datasets.SST('torchtextdata', TextData,
LabelData)
>>> dataset.splits(TextData, LabelData)
(<torchtext.datasets.sst.SST object at 0x7f6a542dcc18>, <torchtext.
datasets.sst.SST object at 0x7f69ff45fcf8>, <torchtext.datasets.SST
object at 0x7f69ff45fc88>)
>>> train, val, text = dataset.splits(TextData, LabelData)
>>> train[0]
<torchtext.data.example.Example object at 0x7f69fef9fcf8>
```

在这里，我们下载 SST 情感分析数据集，并使用相同的 dataset.splits 方法获取具有 __len__ 和 __getitem__ 的类似于 torch.utils.data.datasets 实例的 data 对象。

表 3.3 展示了 torchtext 中当前可用的数据集及其对应的任务。

表 3.3

数据集	任 务
BaBi	问答
SST	情感分析

（续）

数据集	任 务
IMDB	情感分析
TREC	问题分类
SNLI	蕴含
MultiNLI	蕴含
WikiText2	语言模型
WikiText103	语言模型
PennTreebank	语言模型
WMT14	机器翻译
IWSLT	机器翻译
Multi30k	机器翻译
UDPOS	序列标注
CoNLL2000Chunking	序列标注

3. torchaudio

音频实用程序可能是 PyTorch 的所有实用程序包中最不成熟的软件包。事实上，它不能安装在 pip 上，这证明了这一说法。但是，torchaudio 涵盖了音频领域中任何问题陈述的基本用例。此外，PyTorch 在内核中添加了一些方便的功能，如**反向快速傅里叶变换**（IFFT）和**稀疏快速傅里叶变换**（SFFT），显示了 PyTorch 在音频领域的进步。

torchaudio 依赖于 Sound eXchange（SoX），一个跨平台音频格式转换器。在安装依赖项后，可以使用 Python 设置文件从源文件进行安装。

```
python setup.py install
```

torchaudio 附带两个预构建的数据集、一些转换以及用于加载和保存音频文件的实用程序。接下来我们对其进行深入探讨。加载和保存音频文件总是令人痛苦的，而且依赖于其他几个包。通过提供简单的加载和保存功能 API，torchaudio 使其更加简单。torchaudio 可以加载任何常见的音频文件，并将其转换为 PyTorch 张量。它还可以对数据进行归一化和解归一化，以及以任何通用格式将数据写回磁盘。保存的 API 接受文件路径，并推断文件路径的输出格式，以将其转换为该格式，然后再将其写回磁盘。

```
>>> data, sample_rate = torchaudio.load('foo.mp3')
>>> print(data.size())
torch.Size([278756, 2])
>>> print(sample_rate)
44100
>>> torchaudio.save('foo.wav', data, sample_rate)
```

与 torchvision 一样，torchaudio 的数据集是直接从 torch.utils.data.Dataset 中继承下来的。这意味着 __getitem__ 和 __len__ 已经实现，并且与 DataLoader 兼容。现在，torchaudio 的 datasets 模块预装了两个不同的音频数据集，即 VCTK 和 YESNO，这两个数据集都有与 torchvision 数据集类似的 API。使用 Torch 的 DataLoader 加载 YESNO 数据集的示例如下所示。

```
yesno_data = torchaudio.datasets.YESNO('.', download=True)
data_loader = torch.utils.data.DataLoader(yesno_data)
```

transforms 模块受到 torchvision API 的启发，通过 Compose，我们可以将一个或多个转换封装到单个流程中。以下是官方文档提供的示例。它将 Scale 转换和 PadTrim 按顺序组合到单个流程中。官方文档中详细介绍了所有可用转换。

```
transform = transforms.Compose(
    [
        transforms.Scale(),
        transforms.PadTrim(max_len=16000)
    ]
)
```

3.3 模型实现

毕竟，实现该模型是我们流程中最重要的一步。在某种程度上，我们已经为此步骤构建了整个流程。除了构建网络架构之外，我们还需要考虑许多细节来优化实现（在工作量、时间，也许还有代码效率方面）。

在本节中，我们将讨论 PyTorch 包本身提供的分析和瓶颈工具，以及 PyTorch 推荐的训练实用程序 ignite。我们将首先介绍瓶颈和分析实用程序，当模型开始表现不佳时，该实用程序至关重要，因为你需要知道是哪里出了问题。接下来将介绍 ignite，即训练模块。

训练网络并不是一个基本组件，但它是一个很好的帮助工具，可以帮助我们节省大量编写样板和修复错误的时间。有时，它可以减少程序行数的一半，这也有助于提高可读性。

瓶颈和分析

PyTorch 的 Python 优先方法使核心团队避免在第一年就构建单独的分析器，但当模块开始迁移至 C/C++ 核心时，对 Python 的 cProfiler 的独立分析器的需求将变得清晰起来，这就是 autograd.profiler 的故事开始的地方。

本小节将包含更多的图表和统计信息，而不是分步指导，因为 PyTorch 已经使分析变得尽可能简单。对于分析，我们将使用在第 2 章中开发的 FizBuz 模型。尽管 autograd.profiler 可以分析图中的所有操作，但在此示例中，它仅分析主网络的前向过程，而不是损失函数和反向过程。

```
with torch.autograd.profiler.profile() as prof:
    hyp = net(x_)

print(prof)
print(prof.key_averages())
print(prof.table('cpu_time'))
prof.export_chrome_trace('chrometrace')
```

第一个 print 语句只是以表格形式输出 t 配置文件输出，而第二个 print 语句将运算节点组合在一起，并对特定节点所占用的时间求平均值，如图 3.2 所示。

Name	CPU time	CUDA time	Calls	CPU total	CUDA total
t	15.758us	0.000us	2	31.516us	0.000us
expand	6.203us	0.000us	2	12.405us	0.000us
addmm	898.371us	0.000us	2	1796.742us	0.000us
sigmoid	14.462us	0.000us	2	28.923us	0.000us

图 3.2   autograd.profiler 的输出（按名称分组）

第三个 print 语句根据作为参数的传递头对数据进行递增排序，如图 3.3 所示。这有助于查找消耗更多时间的节点，并且可能有助于提供某种方法来优化模型。

Name	CPU time	CUDA time	Calls	CPU total	CUDA total
sigmoid	2.524us	0.000us	1	2.524us	0.000us
expand	4.325us	0.000us	1	4.325us	0.000us
t	5.140us	0.000us	1	5.140us	0.000us
expand	9.168us	0.000us	1	9.168us	0.000us
addmm	16.646us	0.000us	1	16.646us	0.000us
sigmoid	29.335us	0.000us	1	29.335us	0.000us
t	30.314us	0.000us	1	30.314us	0.000us
addmm	1858.968us	0.000us	1	1858.968us	0.000us

图 3.3　autograd.profiler 的输出（按 CPU 时间排序）

最后一个 print 语句是在 Chrome 跟踪工具上对执行时间进行可视化的另一种方法。export_chrome_trace 函数接受文件路径并将输出写入 Chrome 跟踪器可以理解的文件，如图 3.4 所示。

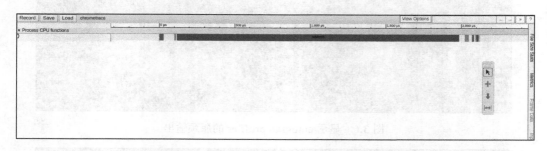

图 3.4　autograd.profiler 的输出（转换为 chrometrace）

但是，如果用户需要合并 autograd.profiler 和 cProfiler（这将使多个节点操作之间的关联变得简洁），或者用户只需要调用另一个实用程序而不是更改源代码来获取分析的信息，则可以使用瓶颈程序。瓶颈是 Torch 的实用程序，可以在命令行作为 Python 模块执行。

```
python -m torch.utils.bottleneck /path/to/source/script.py [args]
```

"瓶颈"可以查找有关环境的详细信息，并提供有关 autograd.profiler 和 cProfiler 的已分析信息。但对于以上两个功能，瓶颈都需要执行两次，因此减少 epoch 数将是一个不错的选择，这可以使程序在相当长的时间内停止执行。第 2 章的同一程序中也使用了瓶颈，其输出如图 3.5、图 3.6 和图 3.7 所示。

```
Environment Summary
--------------------------------------------------
PyTorch 2018.05.07 compiled w/ CUDA 8.0.61
Running with Python 3.6 and

`pip3 list` truncated output:
msgpack-numpy (0.4.1)
numpy (1.14.2)
torch (2018.5.7, /home/sherin/miniconda3/lib/python3.6/site-packages)
torchaudio (0.1, /home/sherin/mypro/audio)
torchtext (0.2.3)
torchvision (0.2.1)
```

图 3.5　关于环境摘要的瓶颈输出

```
autograd profiler output (CPU mode)
--------------------------------------------------
        top 15 events sorted by cpu_time_total

--------------------------------------------------
Name              CPU time      CUDA time       Calls      CPU total      CUDA total
--------------------------------------------------
AddmmBackward      233.993us      0.000us         1         233.993us       0.000us
t                  100.119us      0.000us         1         100.119us       0.000us
addmm               79.638us      0.000us         1          79.638us       0.000us
_cast_float         70.043us      0.000us         1          70.043us       0.000us
mm                  61.899us      0.000us         1          61.899us       0.000us
_mm                 53.449us      0.000us         1          53.449us       0.000us
AddmmBackward       47.908us      0.000us         1          47.908us       0.000us
zeros_like          46.894us      0.000us         1          46.894us       0.000us
ExpandBackward      46.219us      0.000us         1          46.219us       0.000us
uniform_            44.824us      0.000us         1          44.824us       0.000us
addmm               42.784us      0.000us         1          42.784us       0.000us
sqrt                40.520us      0.000us         1          40.520us       0.000us
sqrt                39.984us      0.000us         1          39.984us       0.000us
sum                 39.054us      0.000us         1          39.054us       0.000us
MseLossBackward     39.017us      0.000us         1          39.017us       0.000us
```

图 3.6　显示 autograd.profiler 的瓶颈输出

```
cProfile output
--------------------------------------------------
       6532 function calls (6524 primitive calls) in 0.149 seconds

   Ordered by: internal time
   List reduced from 81 to 15 due to restriction <15>

   ncalls  tottime  percall  cumtime  percall filename:lineno(function)
        1    0.071    0.071    0.071    0.071 {method 'run_backward' of 'torch._C._EngineBase' objects}
        2    0.015    0.008    0.015    0.008 {method 'sigmoid' of 'torch._C._TensorBase' objects}
        8    0.015    0.002    0.015    0.002 {method 'add_' of 'torch._C._TensorBase' objects}
        1    0.011    0.011    0.011    0.011 {built-in method ones_like}
     1000    0.008    0.000    0.008    0.000 bottleneck_support.py:16(<listcomp>)
        2    0.005    0.003    0.005    0.003 {built-in method addmm}
        2    0.004    0.002    0.004    0.002 {built-in method numpy.core.multiarray.array}
     1000    0.004    0.000    0.013    0.000 bottleneck_support.py:15(wrapper)
        1    0.003    0.003    0.003    0.003 {built-in method torch._C._nn.mse_loss}
        1    0.003    0.003    0.021    0.021 bottleneck_support.py:39(get_data)
        4    0.002    0.001    0.002    0.001 {method 'sqrt' of 'torch._C._TensorBase' objects}
     1004    0.001    0.000    0.001    0.000 {method 'format' of 'str' objects}
        2    0.001    0.000    0.001    0.000 {method 'type' of 'torch._C._TensorBase' objects}
        1    0.001    0.001    0.149    0.149 bottleneck_support.py:1(<module>)
        1    0.001    0.001    0.001    0.001 {method 'permutation' of 'mtrand.RandomState' objects}
```

图 3.7　显示 cProfile 输出的瓶颈输出

3.4 训练和验证

我们已经到达了深度学习工作流的最后一步，但工作流实际上以将深度模型部署到生产作为结束（将在第 8 章中介绍）。经过所有的预处理和模型构建，现在我们必须训练网络、测试精度，并验证可靠性。我们在开源世界中（甚至在本书中）看到的大多数现有代码实现都使用一种简单明了的方法，即显式编写训练、测试和验证所需的代码，因为用于避免样板的特定工具会增加学习曲线，尤其是对于新手来说。很显然，对于日常使用神经网络的程序员来说，可以避免样板的工具是救命稻草。因此，PyTorch 社群创建了两个工具：torchnet 和 ignite。本节只关注 ignite，因为它比 torchnet 更实用且抽象，但两者都是很好的开发工具，并可能在不久的将来被合并。

ignite

ignite[2] 是一种神经网络训练工具，它抽象掉某些样板代码，代之以简洁优雅的代码。ignite 的核心是 Engine 模块。此模块功能非常强大，其原因如下。

❑ 它基于默认 / 自定义训练器或评估器运行模型。

❑ 它可以接受处理程序和评价指标，并对其进行操作。

❑ 它可以触发和执行回调。

1. Engine

Engine 接受一个训练器函数，该函数本质上是用于训练神经网络算法的典型循环。它包括在 epoch 上的循环、在批次上的循环、将现有梯度值置 0、用批处理调用模型、计算损失和更新梯度，如下例所示，该示例取自第 2 章。

```
for epoch in range(epochs):
    for x_batch, y_batch in dataset:
        optimizer.zero_grad()
        hyp = net(x_batch)
        loss = loss_fn(hyp, y_batch)
        loss.backward()
        optimizer.step()
```

Engine 可以帮助你避免前两个循环，如果你定义了需要执行代码其余部分的函数，则 Engine 将为你执行这两个循环。以下是该代码片段与 Engine 兼容的重写版本。

```
def training_loop(trainer, batch)
    x_batch, y_batch = process_batch(batch)
    optimizer.zero_grad()
    hyp = net(x_batch)
    loss = loss_fn(hyp, y_batch)
    loss.backward()
    optimizer.step()

trainer = Engine(training_loop)
```

这样做虽然聪明，但不会为用户节省太多时间，也没有遵守诸如拆除样板等承诺。它所做的只是删除两个 for 循环，并添加一行代码用于 Engine 对象创建。这不是 ignite 的真正的目的。ignite 试图使编码既有趣又灵活，同时帮助避免样板。

ignite 具有一些常用的功能，如监督训练或监督评估，还允许用户灵活定义训练功能，以训练 GAN、**强化学习**（RL）算法等。

```
from ignite.engine import create_supervised_trainer,
create_supervised_evaluator

epochs = 1000
train_loader, val_loader = get_data_loaders(train_batch_size,
val_batch_size)
trainer = create_supervised_trainer(model, optimizer, F.nll_loss)
evaluator = create_supervised_evaluator(model)
trainer.run(train_loader, max_epochs=epochs)
evaluator.run(val_loader)
```

函数 create_supervised_trainer 和 create_supervised_evaluator 返回具有类似于 training_loop 的函数以执行代码通用模式的 Engine 对象，如前面给出的那样。除了给定的参数外，这两个函数还接受设备（CPU 或 GPU），该设备返回在我们指定的设备上运行的训练器或评估器 Engine 实例。现在情况越来越好了，对吧？我们传入了定义的模型、我们想要的优化器以及我们使用的损失函数，但是，在有了训练器和 evaluator 对象之后，我们该怎么办？

Engine 对象定义了 run 方法，这使得循环基于 epoch 和传递给 run 函数的加载器开始执行。与往常一样，run 方法从 0 到 epoch 的值循环运行 trainer。对于每次迭代，我们的训练器都会运行加载器以执行梯度更新。

在完成训练后，evaluator 将启动 val_loader，并通过使用评估数据集运行同一模型来确保情况变得更好。这很有趣，但还是有缺失的部分。如果用户需要在每个迭代之后运行评估器，或者用户需要让训练器将模型的准确性打印到终端，或将模型打印到 Visdom、Turing 或网络图，那该怎么办？在前面的设置中，是否有方法知道验证精度是多少？通过重写 Engine 的默认记录器（本质上是保存在 trainer_logger 变量中的 Python 记录器，你可以完成大部分操作，但实际的解决方法是事件。

2. 事件

ignite 开辟了一种特殊的方式，通过事件或触发器与循环进行交互。当事件发生时，每个设置函数都会被触发，并执行用户在函数中定义的操作。通过这种方法，它足够灵活，使得用户可以设置任何类型的事件。它通过避免将复杂的事件写入循环并使循环更大且不可读，来让用户感到轻松。Engine 中当前可用的事件包括

- ❑ EPOCH_STARTED
- ❑ EPOCH_COMPLETED
- ❑ STARTED
- ❑ COMPLETED
- ❑ ITERATION_STARTED
- ❑ ITERATION_COMPLETED
- ❑ EXCEPTION_RAISED

在这些事件上设置函数触发器的最佳和推荐方法是 Python 修饰器。训练器的 on 方法接受这些事件之一作为参数，并返回用于设置要在事件上触发的自定义函数的修饰器。下面给出了几个常见事件和用例。

```
@trainer.on(Events.ITERATION_COMPLETED)
def log_training_loss(engine):
```

```
    epoch = engine.state.epoch
    iteration = engine.state.iteration
    loss = engine.state.output
    print("Epoch:{epoch} Iteration:{iteration} Loss: {loss}")

@trainer.on(Events.EPOCH_COMPLETED)
def run_evaluator_on_training_data(engine):
    evaluator.run(train_loader)

@trainer.on(Events.EPOCH_COMPLETED)
def run_evaluator_on_validation_data(engine):
    evaluator.run(val_loader)
```

到现在为止，我们已经说明了 ignite 是工具箱中的必备工具。我们已将
@trainer.on 修饰器设置为针对上例中的三个事件（实际上是两个事件，但我们在
EPOCH_COMPLETED 事件上设置了两个函数）。通过第一个函数，我们可以将训
练的状态打印到终端。但是有些事情我们还没有看到。state 是 Engine 保存有关执
行信息的状态变量。在此示例中，我们看到状态保存有关 epoch、迭代甚至输出的
信息，这实质上是训练循环的损失。state 属性保存 epoch、迭代、当前数据、指
标（如果有）（接下来将介绍指标）、在调用 run 函数时设置的最大迭代次数，以及
training_loop 函数的输出。

注： 在 create_supervised_trainer 的情况下，training_loop 函数返回损失；在 create_
supervised_evaluator 的情况下，training_loop 函数返回模型的输出。但是，如果我们
定义一个自定义 training_loop 函数，则此函数返回的是 Engine.state.output 的值。

第二个和第三个事件处理程序都在 EPOCH_COMPLETED 上运行 evaluator，
但它们使用不同的数据集。evaluator 在第一个函数中使用训练数据集，在第二
个函数中使用评估数据集。这很棒，因为现在我们可以在一个迭代完成时运行
evaluator，而不是像在第一个示例中那样在整个执行过程结束时运行它。但是，除
了运行它之外，处理程序并没有真正执行任何操作。通常，我们会在这里检查平均
精度和平均损失，还会执行更复杂的分析，如创建混淆指标（将在稍后介绍）。但
目前的要点是：可以为单个事件设置 n 个处理程序，ignite 会毫不犹豫地按顺序调
用所有这些处理程序。以下是事件的内部 _fire_event 函数，该函数在来自 training_

loop 函数中的每个事件上触发。

```
def _fire_event(self, event_name, *event_args):
    if event_name in self._event_handlers.keys():
        self._logger.debug("firing handlers for event %s",
event_name)
        for func, args, kwargs in
self._event_handlers[event_name]:
            func(self, *(event_args + args), **kwargs)
```

下面我们将令 EPOCH_COMPLETED 事件处理程序对 ignite 的指标进行更合理的处理。

3. 指标

和 Engine 一样，指标也是 ignite 源代码的重要组成部分，它在不停地发展。它将几个常用的用于分析神经网络的性能和效率的指标封装成简单的可配置类，这些类是 Engine 可理解的。下面给出了当前已构建的指标。我们将使用其中一些指标来构建前面的事件处理程序。

- ❑ Accuracy
- ❑ Loss
- ❑ MeanAbsoluteError
- ❑ MeanPairwiseDistance
- ❑ MeanSquaredError
- ❑ Precision
- ❑ Recall
- ❑ RootMeanSquaredError
- ❑ TopKCategoricalAccuracy
- ❑ RunningAverageŁ
- ❑ IoU
- ❑ mIoU

ignite 具有一个父 metrics 类，该类由上述的所有类继承。可以通过将具有用户可读名称字典对象作为键，并将上述类之一的实例化对象作为值，来设置指标，以传给 Engine 创建调用。因此，我们现在正在用指标重新定义 evaluator。

```
metrics = {'accuracy': Accuracy(), 'null': Loss(F.null_loss)}
evaluator = create_supervised_evaluator(model, metrics=metrics)
```

Engine 的初始化程序获取指标并调用 Metrics.attach 函数来设置用于计算 EPOCH_STARTED、ITERATION_COMPLETED 和 EPOCH_COMPLETED 的指标的触发器。Metrics 源代码的 attach 函数如下所示。

```
def attach(self, engine, name):
    engine.add_event_handler(Events.EPOCH_STARTED, self.started)
    engine.add_event_handler(Events.ITERATION_COMPLETED,
self.iteration_completed)
    engine.add_event_handler(Events.EPOCH_COMPLETED,
self.completed, name)
```

一旦 Engine 设置事件处理程序，这些处理程序就会在事件发生时被自动调用。EPOCH_STARTED 事件通过调用 reset() 方法来清理指标，并清理存储以保存当前迭代中的指标。

ITERATION_COMPLETED 触发器将调用相应指标的 update() 方法，并执行指标更新。例如，如果指标等于损失，则通过调用在创建 Engine 时作为参数传递给 Loss 类的损失函数来计算当前损失。然后，计算得到的损失将保存到对象变量以供将来使用。

EPOCH_COMPLETED 事件是最终事件，它使用 ITERATION_COMPLETED 中更新的任何内容来计算最终指标分数。一旦 metrics 字典作为参数被传递给引擎，则所有这一切都在用户不知情的情况下作为流发生。以下代码片段展示用户如何在运行 evaluator 的 EPOCH_COMPLETED 触发器时获取此信息。

```
@trainer.on(Events.EPOCH_COMPLETED)
def run_evaluator_on_validation_data(engine):
    evaluator.run(val_loader)
    metrics = evaluator.state.metrics
    avg_accuracy = metrics['accuracy']
    avg_null = metrics['nll']
    print(f"Avg accuracy: {avg_accuracy} Avg loss: {avg_nll}")
```

metrics 状态保存在 Engine 状态变量中，这是一个与用户最初传递的名称相同的字典，其值为输出。ignite 只是使整个流程对于用户来说是平滑和无缝的，这样用户就不必担心编写所有代码了。

4. 保存断点

ignite 的另一个优势是断点保存功能，这在 PyTorch 中不可用。人们提出了不同的方法来有效地编写和加载断点。Model Checkpoint 是 ignite 处理程序的一部分，可以采用如下方式导入。

```
from ignite.handlers import ModelCheckpoint
```

ignite 的断点保存程序具有非常简单的 API。用户需要定义保存断点的位置、保存断点的频率，以及除了默认参数（如迭代计数、恢复操作的迭代编号等）之外还应保存哪些对象。在以下示例中，我们针对每 100 次迭代进行断点检查。然后，可以将定义的值作为参数传递给 ModelCheckpoint 模块以获取断点事件处理程序对象。

返回的处理程序具有标准事件处理程序的所有功能，可以针对 ignite 触发的任何事件进行设置。在下面的示例中，我们针对 ITERATION_COMPLETED 事件对其进行了设置。

```
dirname = 'path/to/checkpoint/directory'
objects_to_checkpoint = {"model": model, "optimizer": optimizer}
engine_checkpoint = ModelCheckpoint(
    dirname=dirname,
    to_save=objects_to_checkpoint,
    save_interval=100)
trainer.add_event_handler(Events.ITERATION_COMPLETED, engine_
checkpoint)
```

触发器在每个 ITERATION_COMPLETED 事件上调用处理程序，但我们需要让它仅针对第 100 次迭代进行保存，而 ignite 没有用于自定义事件的方法。ignite 通过为用户提供在处理程序内灵活执行检查的功能来解决此问题。对于断点处理程序，ignite 会在内部检查当前完成的迭代是否为第 100 次迭代，并仅在检查通过时保存它，如以下代码片段所示。

```
if engine.state.iteration % self.save_interval !=0:
    save_checkpoint()
```

保存的断点可以用 torch.load('checkpoint_path') 加载。这会返回具有模型和优化器的字典 objects_to_checkpoint。

3.5 总结

本章介绍了如何构建深度学习开发的基本流程。我们在本章中定义的系统是一种非常常见且一般的方法，其对于不同类型的公司略有变化。以这样的通用工作流作为起点的好处是，当团队或项目在其基础上增长时，可以构建一个真正复杂的工作流。

此外，在开发本身的早期阶段构建工作流，可以让开发的冲刺（sprint）阶段更稳定且可预测。最后，工作流中步骤之间的划分有助于为团队成员定义角色、为每个步骤设置最后期限、尝试在冲刺阶段有效地适应每个步骤，以及并行执行这些步骤。

PyTorch 社群正在制作不同的工具和实用程序包，并将其合并到工作流中。ignite、torchvision、torchtext、torchaudio 等都是这样的例子。随着行业的发展，我们可以看到许多这样的工具正在出现，这些工具可以安装到此工作流的不同部分，以帮助我们轻松迭代。但其中最重要的部分是：从其中一个开始。 在下一章中，我们将探讨计算机视觉和 CNN。

参考资料

1. Python official documentation for dataclasses, https://docs.python.org/3/library/dataclasses.html
2. Examples used in *Ignite* section are inspired by Ignite's official examples, https://github.com/pytorch/ignite/blob/master/examples/mnist/mnist.py

第 4 章 *Chapter 4*

计算机视觉

计算机视觉是为计算机装上"眼睛"的工程。它支持各种图像处理，例如 iPhone 中的人脸识别、Google Lens 等。计算机视觉已经存在了数十年，它可能是得益于人工智能的最好的探索领域，本章将对此进行讲解。

几年前，在 ImageNet 挑战赛中，计算机视觉的识别准确率达到了人类的水平。在过去的十多年中，计算机视觉发生了巨大的变化，从以学术为导向的物体检测问题发展为实际道路上汽车自动驾驶使用的分割问题。尽管人们提出了许多不同的网络架构来解决计算机视觉问题，但是卷积神经网络（CNN）最终完胜。

在本章中，我们将讨论基于 PyTorch 构建的 CNN 及其变体，这些模型已经在大型公司的众多场景中有了成熟的应用。

4.1 CNN 简介

CNN 是一种已有数十年历史的机器学习算法，但直到 Geoffrey Hinton 和他的实验室提出了 AlexNet 才证明了其威力。从那开始，CNN 经历了多次迭代。现在，我们在 CNN 的基础之上构建了一些不同的网络架构,这些网络架构为全球所有的计算机视觉实现提供了有力的帮助。

CNN 是一种由小型网络组成的网络架构,类似于在第 2 章中介绍的简单前馈网络,但前者旨在解决以图像作为输入的问题。CNN 由具有非线性、权重参数和偏置项的神经元构成,神经元输出一个损失值,整个网络基于该损失值通过反向传播进行重排列。

如果这听起来与简单的全连接网络类似,那么是什么让 CNN 特别适合处理图像呢? CNN 让开发者做出了适用于图像的假设,例如像素值的空间关系。

简单的全连接层有更多的权重,因为它们存储信息用于以权重的形式处理一切。全连接层的另一个特性使其无法进行图像处理:它不能考虑空间信息,因为它在处理时不会考虑像素值的顺序 / 排列结构。

CNN 由很多三维的核(卷积核)组成,它们像滑动窗口一样在输入张量中滑动,直到覆盖整个张量为止。卷积核是一个三维张量,其深度和输入张量的深度(在第一层中为 3,即一张 RGB 图像的深度)相同。卷积核的高度和宽度可以小于或等于输入张量的高度和宽度。如果卷积核的高度和宽度与输入张量的高度和宽度相同,则该设置与标准神经网络的设置非常类似。

卷积核在输入张量上的每次移动都会给出一个输出值,该输出值会经过非线性变换处理。输入图像中卷积核覆盖的每个槽位在作为滑动窗口移动时,都将获得该输出值。滑动窗口移动将创建输出特征图(本质上是一个张量)。因此,我们可以增加核的数量以获得更多的特征图,从理论上讲,每个特征图都能够保存一种特定类型的信息,如图 4.1 所示。

由于使用了相同的卷积核来覆盖整个图像,所以我们正在重用核参数,从而减少了参数量。

CNN 本质上会减少 x 轴和 y 轴(高度和宽度)上图像的尺寸,并增大深度(z 轴)。z 轴上的每个切片都是一个如上所述的特征图,由每个多维卷积核创建。

图 4.1 不同的图层显示不同的信息

资料来源：*Visualizing and Understanding Convolutional Networks*, Matthew D. Zeiler 和 Rob Fergus。

CNN 中的降维有助于其在位置上保持不变。位置不变性可以帮助它识别图像不同部分中的对象，例如，如果有两幅包含一只猫的图像，其中一幅图的猫在左侧，另一幅图在右侧，则需要从两幅图中都识别出猫。

CNN 通过两种机制实现位置不变：步长和池化。步长值决定了滑动窗口的移动方式。池化是 CNN 的固有部分，主要有三种类型：最大池化、最小池化和平均池化。最大池化是从输入张量的子块中获取最大值，最小池化是获取其最小值，平均池化是取所有值的平均值。池化层和卷积核的输入和输出基本是相同的。两者都作为滑动窗口在输入张量上移动并输出单个值。

接下来介绍 CNN 如何工作，一个 CNN 如图 4.2 所示。要更深入地了解 CNN，请参考斯坦福大学的 CS231N 课程。或者，如果你需要通过动画视频来快速了解 CNN，那么 Udacity[1] 提供了很好的资源。

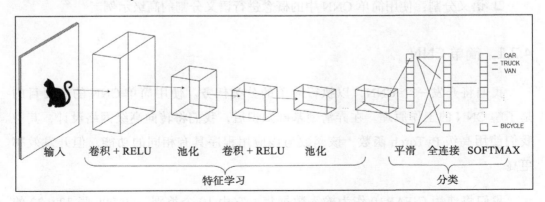

图 4.2 一个 CNN

构建完整的 CNN 网络需要四种类型的操作：

- ❑ 卷积层
- ❑ 非线性层
- ❑ 池化层
- ❑ 全连接层

4.2 将 PyTorch 应用于计算机视觉

PyTorch 为计算机视觉提供了几种方便的函数，其中包括卷积层和池化层。PyTorch 在 torch.nn 包下提供了 Conv1d、Conv2d 和 Conv3d。顾名思义，Conv1d 处理一维卷积，而 Conv2d 处理诸如图像之类的输入的二维卷积，而 Conv3d 处理诸如视频之类的输入上的三维卷积。显然，这有点令人疑惑，因为指定维度从未考虑输入的深度。 例如，Conv2d 处理四维输入，其中第一个维度为批次大小，第二个维度为图像深度（在 RGB 通道中），最后两个维度为图像的高度和宽度。

除了用于计算机视觉的高阶函数之外，torchvision 提供了一些方便且实用的函数来构建网络。我们将在本章中探讨其中一些函数。

本章通过两种神经网络应用来介绍 PyTorch：

- ❑ 简单 CNN：一种用于对 CIFAR10 图像进行分类的简单神经网络架构。
- ❑ 语义分割：使用简单 CNN 中的概念进行语义分割的高级示例。

4.2.1 简单 CNN

我们将开发一个 CNN，以执行简单的分类任务。使用简单 CNN 的主要目的是了解 CNN 的工作原理。在弄清楚基础知识后，我们将转向高级网络设计，其中我们使用高级 PyTorch 函数，该函数与该应用程序具有相同的功能，但开发效率更高。

我们将使用 CIFAR10 作为输入数据集，它由 10 个类别、60 000 张 32 × 32 的彩色图像组成，每个类别包含 6000 张图像。torchvision 具有更高级的函数，可以下载和处理数据集。就像第 3 章中的示例一样，我们先下载数据集，然后使用转换器对其进行转换，并将其封装在 get_data() 函数下。

```
def get_data():
    transform = transforms.Compose(
        [transforms.ToTensor(),
         transforms.Normalize((0.5, 0.5, 0.5), (0.5, 0.5, 0.5))])
    trainset = torchvision.datasets.CIFAR10(
        root='./data', train=True, download=True,
transform=transform)
    trainloader = torch.utils.data.DataLoader(
        trainset, batch_size=100, shuffle=True, num_workers=2)

    testset = torchvision.datasets.CIFAR10(
        root='./data', train=False, download=True,
transform=transform)
    testloader = torch.utils.data.DataLoader(
        testset, batch_size=100, shuffle=False, num_workers=2)
    return trainloader, testloader
```

函数的第一部分对 CIFAR10 数据集中的 NumPy 数组进行转换。首先将其转换为 Torch 张量，然后对其进行规范化。ToTensor 不仅将 NumPy 数组转换为 Torch 张量，而且变更了维度的顺序和值域的范围。

PyTorch 的所有高阶 API 都希望通道（张量的深度）成为批次大小后的第一个维度。因此，形状为（高度 × 宽度 × 通道（RGB））、值域为 [0,255] 的输入将转换为形状为（通道（RGB）× 高度 × 宽度）、值域为 [0.0,1.0] 的 torch.FloatTensor。然后，将每个通道（RGB）的均值和标准差设为 0.5，以此进行归一化。由 torchvision 的转换完成的归一化操作与以下 Python 函数相同。

```
def normalize(image, mean, std):
    for channel in range(3):
        image[channel] = (image[channel] - mean[channel]) /
std[channel]
```

get_data() 返回测试集和训练集的加载器，每次迭代后数据被打散。现在数据已经准备好了，接下来我们需要像在建立 FizBuz 网络时一样设置模型、损失函数和优化器。

模型

SimpleCNNModel 是 从 PyTorch 的 nn.Module 继 承 而 来 的 模 型 类。 其 中，
nn.Module 是用其他自定义类和 PyTorch 类来构建网络架构的父类。

```
class SimpleCNNModel(nn.Module):
    """ A basic CNN model implemented with the the basic building
    blocks """

    def __init__(self):
        super().__init__()
        self.conv1 = Conv(3, 6, 5)
        self.pool = MaxPool(2)
        self.conv2 = Conv(6, 16, 5)
        self.fc1 = nn.Linear(16 * 5 * 5, 120)
        self.fc2 = nn.Linear(120, 84)
        self.fc3 = nn.Linear(84, 10)

    def forward(self, x):
        x = self.pool(F.relu(self.conv1(x)))
        x = self.pool(F.relu(self.conv2(x)))
        x = x.view(-1, 16 * 5 * 5)
        x = F.relu(self.fc1(x))
        x = F.relu(self.fc2(x))
        x = self.fc3(x)
        return x
```

该模型由以最大池化层分隔的两个卷积层构成。第二个卷积层连接到 3 个全连
接层，它们依次链接，并输出 10 个类别的得分。

我们已经为 SimpleCNNModel 构建了自定义卷积层和最大池化层。自定义层可
能是实现这些层最低效的方法，但是其可读性和可解释性很强。

```
class Conv(nn.Module):
    """
    Custom conv layer
    Assumes the image is squre
    """

    def __init__(self, in_channels, out_channels, kernel_size,
stride=1, padding=0):
        super().__init__()
        self.kernel_size = kernel_size
```

```
        self.stride = stride
        self.padding = padding
        self.weight = Parameter(torch.Tensor(out_channels,
in_channels, kernel_size, kernel_size))
        self.bias = Parameter(torch.zeros(out_channels))
```

图像上的卷积运算使用滤波器对输入图像做乘法和加法运算，并输出单个值。因此，现在我们有了一个输入图像和一个卷积核。为简单起见，假设输入图像是大小为 7×7 的单通道（灰度）图像，并假设卷积核的大小为 3×3，如图 4.3a 所示。我们将卷积核的中间值称为锚点，因为我们将锚点聚焦在图像中的某些值上以进行卷积。

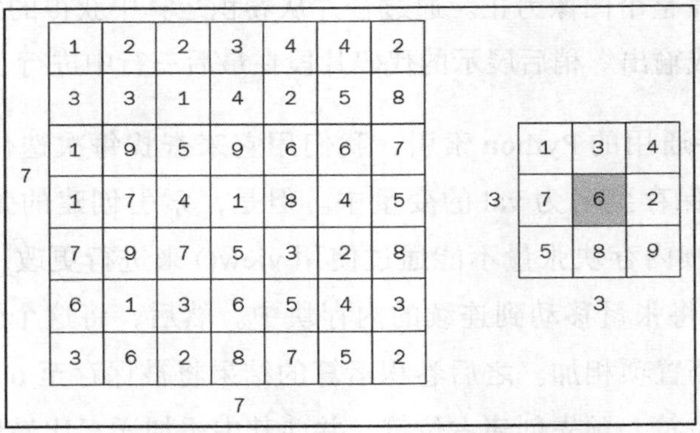

a)

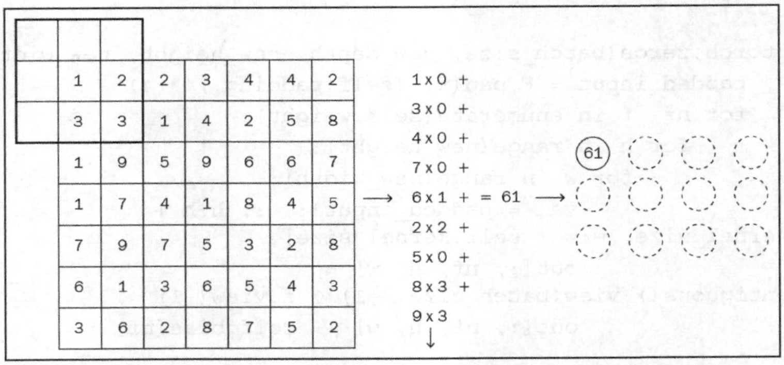

b)

图　4.3

我们通过将卷积核锚定在图像最左上角的像素开始进行卷积，如图 4.3b 所示。现在，我们将图像中的每个像素值与对应的卷积核值相乘，并将结果相加，得到一个输出值。但是我们有一个问题要处理：卷积核的顶行和左列与什么相乘？为此，我们将介绍填充（padding）。

我们将 0 添加至输入张量的行和列的外侧，以便卷积核中的所有值在输入图像中都有一个匹配的值。进行乘法和加法运算后得到的单个值是对该实例进行的卷积运算的输出。

接下来，将卷积核右移一个像素，像滑动窗口一样再次执行该操作。接着重复此操作，直到覆盖整个图像为止。通过合并从卷积运算中获得的每个输出可以创建该图层的特征图或输出。稍后展示的代码片段在最后三行中进行了这些操作。

PyTorch 支持通用的 Python 索引，我们用它来查找每次迭代中滑动窗口所在的槽位，并将其保存到名为 val 的变量中。但是，索引创建的张量可能不是连续的内存块。非连续内存块张量不能通过使用 view() 来进行更改。因此，我们使用 contiguous() 方法将张量移动到连续的内存块中。然后，将这个张量与卷积核（权重）相乘，并与偏置项相加。之后卷积运算的结果将被保存至 out 张量，该张量是初始化为零的占位符。预先创建占位符，并向其中添加元素比最后在一组单个通道上进行堆叠更有效。

```
out = torch.zeros(batch_size, new_depth, new_height, new_width)
    padded_input = F.pad(x, (self.padding,) * 4)
    for nf, f in enumerate(self.weight):
        for h in range(new_height):
            for w in range(new_width):
                val = padded_input[:, :, h:h +
self.kernel_size, w:w + self.kernel_size]
                out[:, nf, h, w] =
val.contiguous().view(batch_size, -1) @ f.view(-1)
                out[:, nf, h, w] += self.bias[nf]
```

PyTorch 中的 functional 模块内置了用于填充的方法。F.pad 接受输入张量和每条边的填充大小。 在这种情况下，我们需要对图像的所有 4 条边进行定值填充，因此我们创建了一个大小为 4 的元组。如果你想了解填充的具体工作原理，则下面的示例展示了在大小为 (1,1) 的张量上用大小为 (2,2,2,2) 的填充执行 F.pad 后，原张量的大小变为 (5,5) 的过程。

```
>>> F.pad(torch.zeros(1,1), (2,) * 4)
Variable containing:
 0  0  0  0  0
 0  0  0  0  0
 0  0  0  0  0
 0  0  0  0  0
 0  0  0  0  0
[torch.FloatTensor of size (5,5)]
```

你可能已经意识到，如果我们使用大小为 $1 \times 1 \times$ 深度的卷积核，则通过在整个图像上进行卷积，将获得与输入大小相同的输出。在 CNN 中，如果我们想降低输出的大小而不考虑卷积核的大小，则可以使用一个不错的技巧通过步长（striding）来降低输出的大小。图 4.4 展示了步长对降低输出大小的影响。以下公式可以基于卷积核的大小、填充宽度和步长来计算输出的大小：$W = (W–F+2P) / S + 1$，其中 W 为输入大小，F 为卷积核大小，S 为应用的步长，P 为填充。

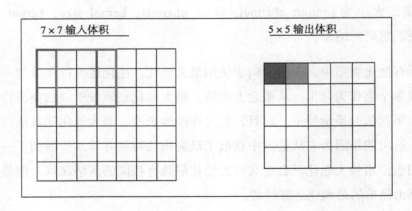

图 4.4　左边步长为 1

我们构建的卷积层没有步长的能力，因为我们对最大池化进行了降采样。但在高级示例中，我们将使用 PyTorch 的卷积层，其内置了步长和填充功能。

前面的示例用一个单通道输入创建了一个单通道输出。我们可以将其扩展为使

用 n 个输入通道来创建 n 个输出通道，这是卷积网络的基本构建模块。通过这两个变化，我们可以发现用任意数量的输入通道来创建任意数量的输出通道遵循的理念是相同的：

❑ 由于输入图像具有多个通道，所以用于与相应元素相乘的卷积核应该是 n 维。如果输入通道数为 3，且卷积核大小为 5，则卷积核形状应为 $5 \times 5 \times 3$。

❑ 但是我们应如何创建 n 个输出通道呢？现在我们知道，无论输入通道的数量是多少，一次卷积始终会产生一个单值输出，而完整的滑动窗口会创建一个二维矩阵作为输出。因此，假设我们有两个卷积核，它们在做完全相同的事情：在输入上滑动窗口并创建二维输出。然后，我们将得到两个二维输出，并将它们堆叠在一起作为两个通道的输出。如果我们需要更多的输出通道，就需要增加卷积核的数量。

自定义卷积层可用于完成卷积。它以输入和输出通道的数量、卷积核大小、步长和填充作为参数。卷积核的形状为 [kernel_size，kernel_size，input_channels]。我们没有创建 n 个卷积核并将输出堆叠在一起以获得多通道输出，而是创建了一个权重张量，大小为 (output_channel，input_channel，kernal_size，kernal_size)，这提供了我们想要的结果。

在所有池化类型中，人们倾向于使用最大池化。池化运算以张量的一个子块为输入，以单个值作为输出。从概念上理解，最大池化获取该子块的突出特征，而平均池化取平均值并平滑特征。而且，从过往经验来看，最大池化比其他池化算法性能更好，这可能是因为它从输入中获取了最突出的特征并将其传递到下一个层。因此，我们也使用最大池化。自定义最大池化层具有相同的网络结构，但是，复杂的卷积运算由简单的最大化运算代替。

```
out = torch.zeros(batch_size, depth, new_height, new_width)
for h in range(new_height):
    for w in range(new_width):
        for d in range(depth):
            val = x[:, d, h:h + self.kernel_size, w:w +
self.kernel_size]
            out[:, d, h, w] = val.max(2)[0].max(1)[0]
```

PyTorch 的 max() 方法以维度作为输入，并返回一个索引元组 / 最大值和实际最大值的索引。

```
>>> tensor
1 2
3 4
[torch.FloatTensor of size 2x2]
>>> tensor.max(0)[0]
3
4
[torch.FloatTensor of size 2]
>>> tensor.max(0)[1]
1
1
[torch.LongTensor of size 2]
```

举例来说，前面示例中的 max(0) 返回一个元组。元组中的第一个元素是张量，其值为 3 和 4，这是第 0 维的最大值；另一个张量值为 1 和 1，它们分别是 3 和 4 在其所在维度上的索引。最大池化层的最后一行通过获取第 2 维的 max() 和第 1 维的 max() 来获取子块的最大值。

卷积层和最大池层之后是 3 个线性层（全连接），这将维数降低到 10，从而给出了每个类的概率得分。接下来是 PyTorch 模型存储的实际网络图的字符串表示形式。

```
>>> simple = SimpleCNNModel()
>>> simple
SimpleCNNModel(
  (conv1): Conv(
  )
  (pool): MaxPool(
  )
  (conv2): Conv(
  )
  (fc1): Linear(in_features=400, out_features=120, bias=True)
  (fc2): Linear(in_features=120, out_features=84, bias=True)
  (fc3): Linear(in_features=84, out_features=10, bias=True)
)
```

我们已经按照期望的方式连接了神经网络，使其在接收图像时可以给出类别得分。现在我们来定义损失函数和优化器。

```
net = SimpleCNNModel()
loss_fn = nn.CrossEntropyLoss()
optimizer = optim.SGD(net.parameters(), lr=0.001, momentum=0.9)
trainloader, testloader = get_data()
```

接下来我们将创建神经网络类的实例。还记得前向函数的工作原理吗？网络类将定义 __call__() 函数，并回调为前向传播而定义的 forward() 函数。

下一行定义损失函数。损失函数也是 torch.nn.Module 的子类（torch.nn.Module 还包含 forward() 函数），该函数由 __call__() 和后向传播函数调用。这使得我们可以创建自定义损失函数。

在以后的章节中，我们将提供一些相关示例。现在，我们将使用一个称为 CrossEntropyLoss() 的内置损失函数。就像在前几章中看到的那样，我们将使用 PyTorch 优化器包来获取预定的优化器。在该示例中，我们使用**随机梯度下降**（SGD），但与上一章不同的是，我们将使用有动量的 SGD（图 4.5），这有助于朝正确的方向对梯度进行加速。

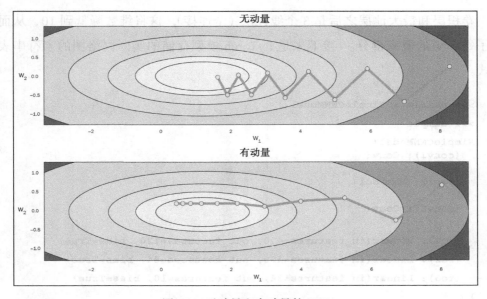

图 4.5　无动量和有动量的 SGD

注：动量是当今与优化算法一起使用的一种非常流行的技术。我们对当前梯度本身施加一个因子，让其在梯度上获得更大的值，然后与权重相减来更新权重。动量在与现实世界中的动量类似的最小化方向上对损失进行加速。

现在，我们已经准备好训练我们的神经网络。至此，我们可以使用模板代码进行训练：

1）遍历每一次迭代。

2）对于每一次迭代遍历已打散的数据。

3）通过调用以下命令使现有的梯度为零：

    ❑ optimizer.zero_grad()

    ❑ net.zero_grad()

4）运行网络的前向过程。

5）利用网络输出调用损失函数来获得损失。

6）运行反向过程。

7）使用优化器进行梯度更新。

8）如果需要，则保存运算中的损失。

在运算期间保存损失时要小心，因为 PyTorch 会在变量进行反向传播前保存整个图。增量地存储图只是对图的另一种操作，其中，每次迭代中的图都使用求和运算将先前的图添加其上，最终导致内存不足。在总是从图中取值并将其保存为普通张量，且该张量不包含图的历史信息。

```
inputs, labels = data
optimizer.zero_grad()
outputs = net(inputs)
loss = loss_fn(outputs, labels)
loss.backward()
optimizer.step()
running_loss += loss.item()
```

4.2.2　语义分割

我们已经了解了 CNN 的工作原理。现在，我们将进行下一步，即开发 CNN 的高级应用程序，其应用场景称为语义分割。顾名思义，该技术将图像的一部分标记为一个类别（如图 4.6 所示），例如，将所有树木标记为绿色、建筑物标记为红色、汽车标记为灰色等。分割意味着从图像中识别结构、区域等。

图 4.6　语义分割的一个例子

语义分割是智能的，当要了解图像中有什么而不是仅识别结构或区域时，应该使用该技术。语义分割能够识别和理解图像中像素级的内容。

语义分割促进了现实世界中的几个主要应用的发展，包括闭路电视摄像机、自动驾驶汽车和分割不同的对象。在本章中，我们将实现一种称为 LinkNet[2,7] 的高效语义分割架构。

在本章中，我们将 CamVid 数据集用于 LinkNet 的实现。CamVid 是一个标准答案数据集，由高质量视频（每帧经由人工分割并标记）组成，人工标记的输出图像采用颜色来识别对象。例如，数据集输出的所有图像都使用洋红色来标记道路。

1. LinkNet

LinkNet 采用自编码器的思想。自编码器（图 4.7）是一项曾用于数据压缩的技术其架构包含两个部分：编码器和解码器。编码器将输入编码到低维空间，而解码器从低维空间解码 / 重建输入。自编码器被广泛应用于减小压缩的尺寸等场景。

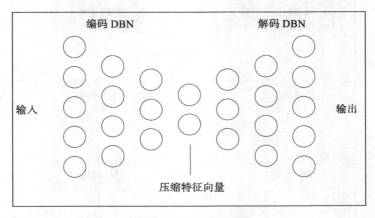

图 4.7　一个自编码器

LinkNet 由一个初始块、一个最终块、一个带有四个卷积模块的编码器块以及一个带有四个解卷积模块的解码器块组成。初始块使用一个步长卷积和一个最大池化层对输入图像进行两次降采样。然后，编码器块中的每个卷积模块都会通过步长卷积对输入进行一次降采样。接下来将编码后的输出传递到解码器块，该解码器块在每个反卷积块中通过步长反卷积对输入进行升采样（稍后将介绍反卷积）。

然后，解码器块的输出将通过最终块，该模块将进行两次升采样，对应于初始块中的两次降采样。此外，与其他语义分割模型相比，LinkNet 能够基于跳跃连接的思想来减少网络架构中的参数量。

在每个卷积块之后，编码器块将与解码器块进行通信，这使得编码器块在前向过程之后会遗忘某些信息。由于编码器块的输出不必保留这些信息，所以参数的数量可能比其他架构参数的数量少得多。实际上，该论文的作者将 ResNet18 用作编码器，但仍能够以惊人的性能获得新的结果。LinkNet 的网络架构如图 4.8 所示。

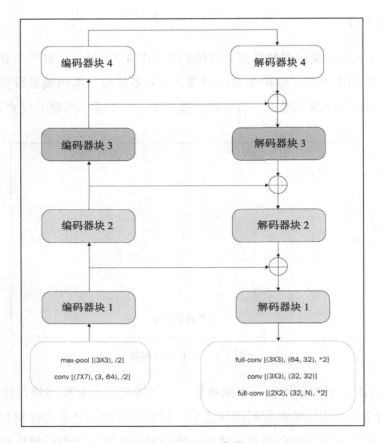

图 4.8　LinkNet 架构

接下来我们将介绍反卷积和跳跃连接。

反卷积可以大致描述为卷积运算的逆过程。Clarifai 的创始人兼首席执行官 Matthew Zeiler 在他的 CNN 层可视化论文 [3] 中首次使用了反卷积，尽管当时他没有将其称为反卷积。在其成功以后，反卷积已在一些论文中得到应用。将该操作命名为反卷积非常有意义，因为它的作用与卷积相反。它还有许多其他名称，例如转置卷积（因为层之间使用的矩阵已转置）和反向卷积（因为操作是反向传播时卷积的反向过程）。但实际上，它还是在进行卷积运算，只是更改了像素在输入中的排列方式。对于有填充和步长的反卷积，输入图像将在像素周围进行填充，填充值为零。在所有情况下，卷积核滑动窗口的运动保持不变。不同情况下的反卷积如图 4.9 所示。

注：有关反卷积的更多信息，请参见论文 *A guide to convolution arithmetic for deep learning*[5] 或 *GitHub* 库 [6]。

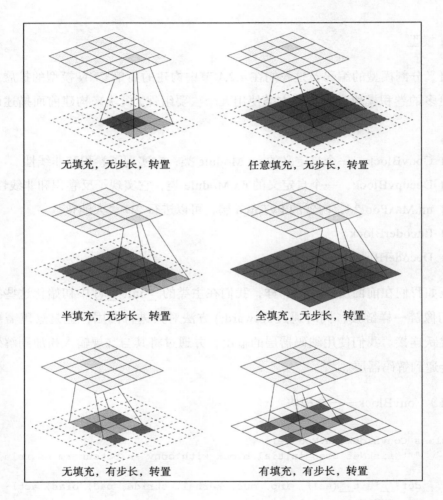

图 4.9 工作中的反卷积

跳跃连接表示为 LinkNet 网络架构中编码器和解码器之间的平行水平线。跳跃连接有助于网络在编码过程中遗忘某些信息，并在解码时再次查看这些信息。由于网络解码和生成图像所需的信息量相对较低，所以这减少了网络所需的参数量。跳跃连接可以借助不同的操作来实现。使用跳跃连接的另一个优点是，反向梯度流可以轻松地通过相同的连接来实现。LinkNet 将隐藏的编码器输出添加到相应的解码器输入中,而另一种语义分割算法 Tiramisu[4] 将这两者连接在一起,然后将其发送到下一层。

2. 模型

语义分割模型的编码器是我们在 4.2.1 节中构建的简单 CNN 模型的扩展,但其具有更多的卷积模块。我们的主类使用五个次要组件 / 模块来构建前面描述的网络架构:

❑ ConvBlock,一个自定义的 nn.Module 类,它实现了卷积和非线性。
❑ DeconvBlock,一个自定义的 nn.Module 类,它实现了反卷积和非线性。
❑ nn.MaxPool2d,内置的 PyTorch 层,可以进行 2D 最大池化。
❑ EncoderBlock。
❑ DecoderBlock。

正如我们在前面所看到的那样,我们在主类的 __init __() 中初始化这些类,并将它们像链一样链接,同时通过 forward() 方法对其进行调用,但是这里需要实现一个跳跃连接。我们使用编码器层的输出,并通过将其与常规输入相加到解码器来将其传递到解码器层。

(1)ConvBlock——卷积块

```
class ConvBlock(nn.Module):
    """ LinkNet uses initial block with conv -> batchnorm -> relu """

    def __init__(self, inp, out, kernal, stride, pad, bias, act):
        super().__init__()
        if act:
            self.conv_block = nn.Sequential(
                nn.Conv2d(inp, out, kernal, stride, pad,
bias=bias),
                nn.BatchNorm2d(num_features=out),
                nn.ReLU())
        else:
            self.conv_block = nn.Sequential(
```

```
                    nn.Conv2d(inp, out, kernal, stride, pad,
        bias=bias),
                    nn.BatchNorm2d(num_features=out))

        def forward(self, x):
            return self.conv_block(x)
```

LinkNet 中的所有卷积几乎都跟随着批次归一化和 ReLU 层，但是有些特例没有 ReLU 层。这就是 ConvBlock 的目的。如前所述，ConvBlock 是 torch.nn.Module 的子类，可以对前向过程中发生的任何事情进行反向传播。__init__ 的参数为输入和输出尺寸、卷积核大小、步长值、填充宽度、表示是否需要偏置的布尔值和表示是否需要激活函数（ReLU）的布尔值。

我们使用 torch.nn.Conv2d、torch.nn.BatchNorm2d 和 torch.nn.ReLu 来配置 ConvBlock。PyTorch 的 Conv2d 接受 ConvBlock 的 __init__ 的所有参数，但是否需要类似激活函数的布尔值除外。除此之外，Conv2d 还接受另外两个用于扩张和分组的可选参数。torch.nn 的 ReLU 函数仅接受一个可选参数，称为 inplace，默认为 False。如果 inplace 置为 True，则 ReLU 将应用于本地数据，而不是创建另一个内存区域。在许多情况下，这可能会节省内存，但会导致一些问题，因为我们正在破坏输入。经验法则是：除非你迫切需要内存优化，否则请不要这样做。

批次归一化用于对每个批次的数据进行归一化，而不是只在开始时进行一次归一化。在开始时，归一化对于获得相同尺度的输入至关重要，这反过来又可以提高精度。但是随着数据流经网络，非线性以及权重和偏置的增加可能导致内部数据的规模不同。

归一化每一层被证明是解决此特定问题的一种方法，即使我们提高了学习率，该方法也可以提高准确性。批次归一化还可以帮助网络从更稳定的输入分布中学习，从而加快了网络的收敛速度。PyTorch 对不同尺寸的输入实现了批次归一化，就像卷积层一样。在这里我们使用 BatchNorm2d，因为我们有四维数据，其中一维是批次大小，还有一维是深度。

BatchNorm2d 有两个可学习的参数：gamma 和 beta。 除非我们将 affine 参

数设置为 False，否则 PyTorch 会在反向传播时控制这些特征的学习。现在，BatchNorm2d 接受特征数量、epsilon 值、动量和 affine 作为参数。

epsilon 值将被添加到平方根内的分母中以保持数值稳定性，而动量因子决定应从上一层获得多少动量以加快操作速度。

__init__ 检查是否需要激活函数并创建层。这是 torch.nn.Sequential 起作用的地方。将三个不同的层（卷积、批次归一化和 ReLU）定义为单个 ConvBlock 层的一种明显方法是为所有三个层分别创建 Python 属性，并将第一层的输出传递给第二层，然后将第二层输出传递给第三层。但是通过使用 nn.Sequential，我们可以将它们链接在一起并创建一个 Python 属性。这样做的缺点是，随着网络的增长，你将为所有小模块提供此额外的 Sequential 封装，这将使网络图的可解释性变差。

```python
class ConvBlockWithoutSequential(nn.Module):
    """ LinkNet uses initial block with conv -> batchnorm -> relu """

    def __init__(self, inp, out, kernel, stride, pad, bias, act):
        super().__init__()
        if act:
            self.conv = nn.Conv2d(inp, out, kernel, stride, pad,
bias=bias)
            self.bn = nn.BatchNorm2d(num_features=out)
            self.relu = nn.ReLU()
        else:
            self.conv = nn.Conv2d(inp, out, kernel, stride, pad,
bias=bias)
            self.bn = nn.BatchNorm2d(num_features=out)

    def forward(self, x):
        conv_r = self.conv(x)
        self.bn_r = self.bn(conv_r)
        if act:
            return self.relu(self.bn_r)
        return self.bn_r
```

（2）DeconvBlock——解卷积块

解卷积块是 LinkNet 中解码器的构建块。与卷积块类似，解卷积块由三个基本模块组成：转置卷积、BatchNorm 和 ReLU。卷积块和解卷积块之间的唯一区别是将 torch.nn.Conv2d 替换成了 torch.nn.ConvTranspose2d。正如我们之前所见,转置卷积与卷积执行相同的操作,但给出相反的结果。

```python
class DeconvBlock(nn.Module):
    """ LinkNet uses Deconv block with transposeconv -> batchnorm
        -> relu """

    def __init__(self, inp, out, kernal, stride, pad):
        super().__init__()
        self.conv_transpose = nn.ConvTranspose2d(inp, out, kernal,
stride, pad)
        self.batchnorm = nn.BatchNorm2d(out)
        self.relu = nn.ReLU()

    def forward(self, x, output_size):
        convt_out = self.conv_transpose(x,
output_size=output_size)
        batchnormout = self.batchnorm(convt_out)
        return self.relu(batchnormout)
```

DeconvBlock 的前向调用不使用 torch.nn.Sequential,我们在 ConvBlock 中对 Conv2d 进行了一些其他的操作。我们将期望的 output_size 传递给转置卷积的前向调用,以使维度更稳定。我们使用 torch.nn.Sequential 将整个反卷积块变成单个变量,这样可以防止我们将变量传递到转置卷积中。

(3)池化

PyTorch 有多个用于池化操作的选项,我们选择使用其中的 MaxPool。正如我们在简单 CNN 示例中看到的那样,这是一个显而易见的操作,基于此我们可以通过从池化中提取突出的特征来降低输入的维数。MaxPool2d 接受类似于 Conv2d 的参数来确定卷积核大小、填充和步长。但是除了这些参数之外,MaxPool2d 还接受两个额外的参数,即返回索引和 ciel。返回索引返回最大值的索引,可在某些网络架构中进行池化时使用。ciel 是布尔参数,它通过确定维度的上限或下限来确定输出的大小。

(4)EncoderBlock——编码器块

编码器块将对网络的一部分进行编码,对输入进行降采样,并尝试获取包含输入核心信息的输入压缩版本。编码器的基本构建块就是之前开发的 ConvBlock。

如图 4.10 所示，LinkNet 中的每个编码器块均由四个卷积块组成。前两个卷积块被归并为一个块（模块一）。然后将其与残差输出（由 ResNet 驱动的系统决策）相加。然后，相加后的残差输出将传递给模块二，模块二与模块一类似。接下来将模块二的输入添加到模块二的输出中，而无须通过单独的残差模块。

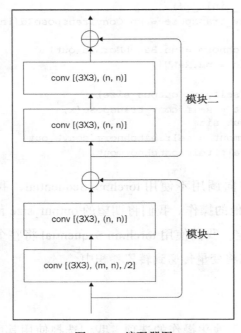

图 4.10　编码器图

模块一用因子 2 对输入进行降采样，而模块二对输入的尺寸不做任何操作。这就是为什么模块一需要一个残差网络，而对于模块二，可以直接将输入和输出相加。实现该网络架构的代码如下。init 函数实际上对 conv 块 residue 块进行初始化。PyTorch 帮助我们处理张量的加法，因此我们只需要编写所需的数学运算，就像在普通的 Python 变量上进行操作一样，PyTorch 的 autograd 也可以从中获取。

```
class EncoderBlock(nn.Module):
    """ Residucal Block in linknet that does Encoding - layers in
        ResNet18 """
```

```
    def __init__(self, inp, out):
        """
        Resnet18 has first layer without downsampling.
        The parameter ''downsampling'' decides that
        # TODO - mention about how n - f/s + 1 is handling output
size in
        # in downsample
        """
        super().__init__()
        self.block1 = nn.Sequential(
            ConvBlock(inp=inp, out=out, kernal=3, stride=2, pad=1,
bias=True, act=True),
            ConvBlock(inp=out, out=out, kernal=3, stride=1, pad=1,
bias=True, act=True))
        self.block2 = nn.Sequential(
            ConvBlock(inp=out, out=out, kernal=3, stride=1, pad=1,
bias=True, act=True),
            ConvBlock(inp=out, out=out, kernal=3, stride=1, pad=1,
bias=True, act=True))
        self.residue = ConvBlock(
            inp=inp, out=out, kernal=3, stride=2, pad=1,
bias=True, act=True)

    def forward(self, x):
        out1 = self.block1(x)
        residue = self.residue(x)
        out2 = self.block2(out1 + residue)
        return out2 + out1
```

（5）DecoderBlock——解码器块

解码器是构建在 DeconvBlock 之上的模块，比 EncoderBlock 简单得多。它没有与网络一起运行的任何残差，而只是两个卷积块通过反卷积块的直接链接，如图 4.11 所示。就像编码器块以用因子 2 对输入进行降采样一样，DecoderBlock 也以因子 2 对输入进行升采样。因此，我们有准确数量的编码器块和解码器块来获取相同大小的输出。

```
class DecoderBlock(nn.Module):
    """ Residucal Block in linknet that does Encoding """

    def __init__(self, inp, out):
        super().__init__()
        self.conv1 = ConvBlock(
            inp=inp, out=inp // 4, kernal=1, stride=1, pad=0,
bias=True, act=True)
        self.deconv = DeconvBlock(
```

```
            inp=inp // 4, out=inp // 4, kernal=3, stride=2, pad=1)
        self.conv2 = ConvBlock(
            inp=inp // 4, out=out, kernal=1, stride=1, pad=0,
bias=True, act=True)

    def forward(self, x, output_size):
        conv1 = self.conv1(x)
        deconv = self.deconv(conv1, output_size=output_size)
        conv2 = self.conv2(deconv)
        return conv2
```

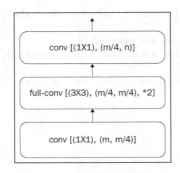

图 4.11　LinkNet 的解码器

这样，LinkNet 的模型设计就完成了。我们将所有构建块放在一起来创建 LinkNet 模型，然后，在开始训练之前，使用 torchvision 对输入进行预处理。__init__ 将对整个网络架构进行初始化。它将创建初始化块和最大池化层、四个编码器块、四个解码器块以及两个封装了另一个 conv 块的 deconv 块。四个解码器对图像进行升采样，以弥补由四个编码器完成的降采样。编码器块（四个）之前的步长卷积和最大池化层也对图像进行了两次降采样。为了弥补这一点，我们采用两个 DeconvBlock，其中放置在 DeconvBlock 之间的 ConvBlock 对维度不会有任何影响。

前向调用只是将所有初始化的变量链接在一起，但是需要注意的部分是 DecoderBlock。必须将期望输出传递给 DecoderBlock，然后 DecoderBlock 将其回传给 torch.nn.ConvTranspose2d。同样，我们将编码器的输出添加到下一步的解码器输入中。这是之前介绍过的跳跃连接。由于我们将编码器输出直接传递给解码器，所以我们传递了一些重建图像所需的信息。这就是即使在不影响速度的情况下，

LinkNet 的性能仍能如此出色的根本原因。

```python
class SegmentationModel(nn.Module):
    """
    LinkNet for Semantic segmentation. Inspired heavily by
    https://github.com/meetshah1995/pytorch-semseg
    # TODO -> pad = kernal // 2
    # TODO -> change the var names
    # find size > a = lambda n, f, p, s: (((n + (2 * p)) - f) / s)
+ 1
    # Cannot have resnet18 architecture because it doesn't do
downsampling on first layer
    """

    def __init__(self):
        super().__init__()
        self.init_conv = ConvBlock(
            inp=3, out=64, kernal=7, stride=2, pad=3, bias=True,
act=True)
        self.init_maxpool = nn.MaxPool2d(kernel_size=3, stride=2,
padding=1)

        self.encoder1 = EncoderBlock(inp=64, out=64)
        self.encoder2 = EncoderBlock(inp=64, out=128)
        self.encoder3 = EncoderBlock(inp=128, out=256)
        self.encoder4 = EncoderBlock(inp=256, out=512)
        self.decoder4 = DecoderBlock(inp=512, out=256)
        self.decoder3 = DecoderBlock(inp=256, out=128)
        self.decoder2 = DecoderBlock(inp=128, out=64)
        self.decoder1 = DecoderBlock(inp=64, out=64)

        self.final_deconv1 = DeconvBlock(inp=64, out=32, kernal=3,
stride=2, pad=1)
        self.final_conv = ConvBlock(
            inp=32, out=32, kernal=3, stride=1, pad=1, bias=True,
act=True)
        self.final_deconv2 = DeconvBlock(inp=32, out=2, kernal=2,
stride=2, pad=0)

    def forward(self, x):
        init_conv = self.init_conv(x)
        init_maxpool = self.init_maxpool(init_conv)
        e1 = self.encoder1(init_maxpool)
        e2 = self.encoder2(e1)
        e3 = self.encoder3(e2)
        e4 = self.encoder4(e3)
```

```
d4 = self.decoder4(e4, e3.size()) + e3
d3 = self.decoder3(d4, e2.size()) + e2
d2 = self.decoder2(d3, e1.size()) + e1
d1 = self.decoder1(d2, init_maxpool.size())

final_deconv1 = self.final_deconv1(d1, init_conv.size())
final_conv = self.final_conv(final_deconv1)
final_deconv2 = self.final_deconv2(final_conv, x.size())

return final_deconv2
```

4.3　总结

在过去的十多年中，借助人工智能，计算机视觉领域得到了显著进步。现在，它不仅用于物体检测 / 识别之类的传统用例，还用于提高图像质量、基于图像 / 视频的多媒体搜索、从图像 / 视频生成文本、3D 建模等。

在本章中，我们介绍了 CNN，这是迄今为止计算机视觉取得的所有成功的关键。存在许多用于不同目的的 CNN 架构变体，但是这些实现的核心都是 CNN 的基本构建块。已有许多关于 CNN 的技术局限性的研究，特别是从人类视觉模拟的角度。已经证明，CNN 不能完全模拟人类视觉系统的工作方式。这使得许多研究小组认为应该有替代方案。替代 CNN 的一种最流行的方法是使用胶囊网络，这也是 Geoffrey Hinton 实验室的成果。但是，目前 CNN 正在成千上万个实时和关键计算机视觉应用程序中扮演着重要角色。

在下一章中，我们将研究另一种基本的神经网络结构：循环神经网络。

参考资料

1. Convolutional network, Udacity, https://www.youtube.com/watch?v=ISHGyvsT0QY
2. LinkNet, https://codeac29.github.io/projects/linknet/
3. Matthew D. Zeiler and Rob Fergus, *Visualizing and Understanding*

Convolutional Networks, `https://cs.nyu.edu/~fergus/papers/zeilerECCV2014.pdf`

4. *The One Hundred Layers Tiramisu: Fully Convolutional DenseNets for Semantic Segmentation,* `https://arxiv.org/pdf/1611.09326.pdf`

5. *A guide to convolution arithmetic for deep learning,* `https://arxiv.org/pdf/1603.07285.pdf`

6. GitHub repository for convolution arithmetic, `https://github.com/vdumoulin/conv_arithmetic`

7. *LinkNet: Exploiting Encoder Representations for Efficient Semantic Segmentation* Abhishek Chaurasia, and Eugenio Culurciello, 2017, `https://arxiv.org/abs/1707.03718`

International Conference on Learning Representations (ICLR 2017), Toulon, France, 2017.

8. Quoc V. Le. Large Language and Its Data Programming. Springer-Verlag, 2017.

10. Y. Bengio. Gradient computation methods for deep learning. Neural Computation, 2012. doi:10.1162/NECO_a_00236.

6. GRU deep representation for convolution. Torrelli et al., Springer, 2012. doi:10.1007/s11222.

5. Nearest Exploiting by stack Representation. et al. and Dynamic Representation Michael Ciaramita, and Emanuele Christolf, 2012. Springer Vol.7 6 (2012).

序列数据处理

如今，神经网络面临的主要挑战是处理、理解、压缩和生成序列数据。序列数据可以大致描述为任何依赖上一数据点和下一数据点的事物。尽管基本方法可以推广，但处理不同类型的序列数据需要不同的技术。我们将探究序列数据处理单元的基本组成部分、序列数据处理的常见问题及广泛接受的解决方案。

在本章中，我们将探索序列数据。用于序列数据处理的规范数据是自然语言，但时间序列数据、音乐、声音和其他数据也被视为序列数据。当前，**自然语言处理**（NLP）和理解是一个活跃的研究领域。人类的语言异常复杂，所有词汇的组合超过了宇宙中原子的数量。但是，深度网络通过使用诸如词嵌入和注意力（attention）之类的技术可以很好地处理此问题。

5.1 循环神经网络简介

循环神经网络（Recurrent Neural Network，RNN）是序列数据处理的实现。顾名思义，RNN 会遍历存有前一轮运行信息的数据，并尝试找出序列的含义，就像人类一样。

尽管原始 RNN（在输入中为每个单元展开一个简单 RNN 单元）是一个革命性的想法，但它未能提供可用于生产的结果。其主要阻碍是长期依赖问题。当输入序列的长度增加时，网络在到达最后一个单元时将无法记住来自初始单元（如果是自然语言，则单元就是单词）的信息。我们将在接下来的部分中看到 RNN 单元包含的内容及其展开方式。

经过多次迭代和多年的研究，学术界涌现了几种不同的 RNN 架构设计方法。现在，我们使用的先进模型是**长短期记忆**（LSTM）和**门控循环单元**（GRU）。这两种模型都将 RNN 单元内部的门用于不同目的，例如，遗忘门负责使网络忘记不必要的信息。这些网络架构基于原始 RNN 的长期依赖问题来构建，因此，使用门不仅有助于忘记不必要的信息，还有助于在移动到长序列的最后一个单元时记住必要的信息。

下一个重要发明是注意力，它可以帮助网络专注于输入的重要部分，而不是通过搜索整个输入来找到答案。实际上，来自 Google Brain 和多伦多大学的一个团队证明，注意力可以击败 LSTM 和 GRU 网络 [1]。但是，大多数实现都同时使用 LSTM / GRU 和注意力。

词嵌入是另一种革命性的思想，它通过比较单词在单词簇中的分布来挖掘单词的概念意义。词嵌入保留单词之间的关系并将其转换为浮点数的集合。词嵌入大大减小了输入大小，并极大地提高了性能和准确性。我们将在实验中使用 word2vec。

数据处理是序列数据（尤其是自然语言）的主要挑战之一。PyTorch 提供了一些实用程序包来处理该问题。我们将使用预处理后的数据来对实现进行简化，但是我们将介绍一下实用程序包以了解其工作原理。我们将与这些实用程序包一起使用 torchtext，它可以对处理输入数据时面临的许多难题进行抽象。

尽管本章是关于序列数据的，但我们将重点关注序列数据的一个子集，即自然语言。对于自然语言，一些研究人员认为，我们使用 LSTM 或 GRU 来处理输入的方式与自然语言的处理方式不同。在自然语言中，单词之间保持树状的层次关系，我们应该对其加以利用。堆栈增强的解析器 – 解释器神经网络（SPINN）[2] 是斯坦福大学 NLP 小组针对此种情况的实现。这种特殊的网络是递归神经网络（不同于循环神经网络），它在处理序列数据的同时考虑了树状结构。我们将在 5.3.3 节详细介绍 SPINN。

5.2 问题概述

在本章中，我们将先介绍要解决的问题，然后在解决问题的同时阐述概念。要解决的问题是用三种不同的方法来找出两个英语句子之间的相似性。为公平起见，我们将在所有实现方法中使用词嵌入。不用担心，我们将在稍后介绍词嵌入。当前的问题通常称为**蕴含问题**，其中，每个实例都有两个句子，而我们的工作是预测这些句子之间的相似性，如图 5.1 所示。我们可以将句子分为三类：

- ❑ 蕴涵——两个句子代表同样的含义：
  - ○ A soccer game with multiple males playing.
  - ○ Some men are playing a sport.
- ❑ 中性——两个句子有共同点：
  - ○ An older and younger man smiling.
  - ○ Two men are smiling and laughing at the cats playing on the floor.
- ❑ 矛盾——两个句子传达两种不同的含义：
  - ○ A black race car starts up in front of a crowd of people.
  - ○ A man is driving down a lonely road.

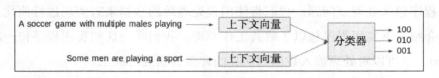

图 5.1　问题的图形表示

5.3 实现方法

在遍历 SNLI 数据集之前，我们将实现三种方法：简单 RNN、高级 RNN（如

LSTM 或 GRU）和递归网络（如 SPINN）。每个数据实例为我们提供了一对句子、一个前提和一个假设句子。首先将句子转换为词嵌入，然后将其传递到每个实现方法中。实现简单 RNN 和高级 RNN 的过程相同，而 SPINN 引入了完全不同的训练和推理流程。让我们从一个简单的 RNN 开始。

5.3.1　简单 RNN

RNN 是用于理解数据含义的首选 NLP 技术，并且可以根据从中发现的序列关系来完成大量的任务。我们将使用这个简单的 RNN 来展示循环如何有效地积累单词的含义并根据单词所处的上下文来理解单词的含义。

在开始构建网络的任何核心模块之前，我们必须处理数据集并对其进行修改以供使用。我们将使用斯坦福的 SNLI 数据集（该数据集包含标记为蕴含、矛盾和中性的句子对），该数据集已经过预处理并保存为 torchtext。

加载的数据集包含成对句子的数据实例，这些句子分别标记为蕴含、矛盾和中性。每个句子与一组将和递归网络一起使用的转换相关联。下面的代码块展示了从 BucketIterator 加载的数据集。我们可以通过调用 batch.premise 和 .hypothesis（为避免显示长行，get_data() 函数是伪代码；访问该数据的实际代码在 GitHub 库中）来访问一对句子。

```
>>> train_iter, dev_iter, test_iter = get_data()
>>> batch = next(iter(train_iter))
>>> batch
[torchtext.data.batch.Batch of size 64 from SNLI]
    [.premise]:[torch.LongTensor of size 32x64]
    [.hypothesis]:[torch.LongTensor of size 22x64]
    [.label]:[torch.LongTensor of size 64]
```

现在我们有了所需的一切（每个数据实例中的两个句子和对应的标签），可以开始编程以实现网络。但是如何使我们的神经网络处理英语呢？普通的神经网络对数值执行运算，但是现在我们有了字符。旧方法是将输入转换为单热编码序列。以下是一个基于 NumPy 的简单示例。

```
>>> vocab = {
        'am': 0,
        'are': 1,
        'fine': 2,
        'hai': 3,
        'how': 4,
        'i': 5,
        'thanks': 6,
        'you': 7,
        ',': 8,
        '.': 9
    }
>>> # input = hai, how are you -> 3, 8, 4, 1, 7
    seq = [3, 8, 4, 1, 7]
>>> a = np.array(seq)
>>> b = np.zeros((len(seq), len(vocab)))
>>> b[np.arange(len(seq)), seq] = 1
>>> b
array([[0., 0., 0., 1., 0., 0., 0., 0., 0., 0.],
       [0., 0., 0., 0., 0., 0., 0., 0., 1., 0.],
       [0., 0., 0., 0., 1., 0., 0., 0., 0., 0.],
       [0., 1., 0., 0., 0., 0., 0., 0., 0., 0.],
       [0., 0., 0., 0., 0., 0., 0., 1., 0., 0.]])
```

这个例子中的变量 b 是我们传递给神经网络的变量。因此，神经网络将具有等同于词汇表大小的数量的输入神经元。对于每个实例，我们传递一个只有一个元素为 1 的稀疏数组。那么单热编码具有什么问题呢？随着词汇表大小的增加，最终输入层的维度会很高。这就是词嵌入起作用的地方。

1. 词嵌入

使用自然语言（或由离散的单个单元组成的任何序列）的规范方法是将每个单词转换为一个单热编码的向量，并将其用于网络的下一阶段。这种方法的缺点是，随着词汇表中单词数目的增加，输入层的大小也会增加。

词嵌入有着数十年的历史，旨在降低矩阵或张量维数。**潜在狄利克雷分布**

（LDA）和**潜在语义分析**（LSA）是我们用来进行词嵌入的两个示例。但是，在 Facebook 研究科学家 Tomas Mikolov 和他的团队于 2013 年实现了 word2vec 之后，词嵌入开始被认为是自然语言处理任务的前提。

　　word2vec 是一种无监督学习算法，在该算法中，网络无须进行任何训练即可进行词嵌入。这意味着你可以在一个英语数据集上训练 word2vec 模型，并使用它为另一个模型生成词嵌入。

　　另一种更流行的词嵌入算法是 GloVe（我们将在本章中使用它），它来自斯坦福大学 NLP 小组。尽管这两种词嵌入实现都试图解决相同的问题，但是它们使用了截然不同的方法。word2vec 使用嵌入来提高预测能力；也就是说，该算法尝试通过使用上下文单词来预测目标单词。随着预测准确性的提高，词嵌入变得更强大。GloVe 是一个基于计数的模型，在其中我们制作了一张巨大的表格，该表格显示了每个单词对应于其他单词的频数。显然，如果词汇量很高，并且使用的是诸如 Wikipedia 之类的大型文本数据集，那么其将形成一张巨大的表格。因此，我们对该表进行降维，以获得大小合理的词嵌入矩阵。

　　与其他 PyTorch 层一样，PyTorch 在 torch.nn 中创建了一个嵌入层。尽管可以使用预训练的模型，但它对于我们的自定义数据集是可训练的。嵌入层需要词汇表大小和要保留的嵌入尺寸的大小。通常，我们使用 300 作为嵌入维度。

```
>>> vocab_size = 100
>>> embedding_dim = 300
>>> embed = nn.Embedding(vocab_size, embedding_dim)
>>> input_tensor = torch.LongTensor([5])
>>> embed(input_tensor).size()
torch.Size([1, 300])
```

　　如今，嵌入层还用于所有类型的分类输入，而不只是为自然语言进行词嵌入。例如，如果你要为英超联赛预测获胜者，则最好对球队名称或地名进行词嵌入，而不是将它们作为单热编码向量输送给网络。

　　但是，对于我们的用例，torchtext 将前面的方法封装为一种将输入转换为嵌入的简单方法。下面是一个示例，其中我们从 GloVe 向量进行迁移学习，以从 Google 新闻中获得对 60 亿个词干进行训练的预训练词嵌入。

```
inputs = data.Field(lower=True)
answers = data.Field(sequential=False)
train, dev, test = datasets.SNLI.splits(inputs, answers)
inputs.build_vocab(train, dev, test)
inputs.vocab.load_vectors('glove.6B.300d')
```

我们将 SNLI 数据集分为 training、dev、test 三个数据集，并将它们作为参数传递给 build_vocab 函数。build_vocab 函数循环遍历给定的数据集，并得到单词数量、频次和其他属性，并创建 vocab 对象。vocab 对象引出 load_vectors API 以接受预先训练的模型来进行迁移学习。

2. RNN 单元

接下来，我们将开始学习构建网络的最小基础模块，即 RNN 单元。它的工作方式是：一个 RNN 单元能够逐一处理句子中的所有单词。最初，将句子中的第一个单词传递给 RNN 单元，RNN 单元生成输出和中间状态。该状态是序列的连续含义，由于在完成对整个序列的处理之前不会输出此状态，所以将其称为隐藏状态。

在处理第一个单词之后，我们有了由 RNN 单元生成的输出和隐藏状态。输出和隐藏状态都有各自的用途。输出可以被训练以预测句子中的下一个字符或单词。这是大多数语言模型任务的工作方式。

如果你试图创建一个序列网络来预测诸如股票价格之类的时间序列数据，则这可能就是你构建网络的方式。但是在我们的例子中，我们只考虑句子的整体含义，因此我们将忽略每个单元生成的输出，而将重点放在隐藏状态上。如前所述，隐藏状态的目的是保持句子的连续含义。这听起来像我们要的东西。每个 RNN 单元都将一个隐藏状态作为输入之一，并输出另一个隐藏状态，如图 5.2 所示。

我们将为每个单词使用相同的 RNN 单元，并将由上一个单词处理生成的隐藏状态作为当前单词的输入进行处理。因此，RNN 单元在每个单词处理阶段都有两个输入：单词本身和上一次执行得到的隐藏状态。

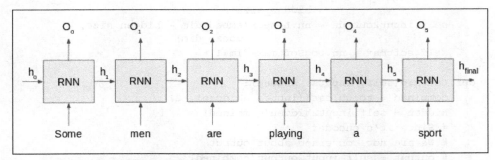

图 5.2　具有输入、隐藏状态和输出展开序列的常用 RNN 单元流程图

在开始运行时会发生什么？我们没有隐藏状态，但是我们设计了 RNN 单元以期望获得隐藏状态。通常情况下，创建一个零值的隐藏状态只是为了模拟第一个单词的处理过程，尽管人们已经进行了对非零值的研究。

图 5.2 中相同的 RNN 单元展开展示了其处理句子中每个单词的过程。由于我们为每个单词使用相同的 RNN 单元，所以大大减少了神经网络所需的参数量，这使我们能够处理较大规模的小批次数据。网络参数进行学习的方式是处理序列的顺序。这是 RNN 的核心原则。

人们尝试了不同的连接机制来设计 RNN 单元以获得最有效的输出。在本节中，我们将使用最基本的一种机制，它由两个全连接层和一个 softmax 层组成，如图 5.3 所示。但是在现实世界中，人们将 LSTM 或 GRU 用作 RNN 单元，事实证明，这种方法可以在大量用例中提供最佳的结果。我们将在 5.3.2 节中介绍它们。实际上，研究者已经进行了大量对比，以找到所有顺序任务的最佳架构，例如 *LSTM:A Search Space Odyssey* [3]。

我们开发了一个简单的 RNN，如以下代码所示。其中既没有复杂的门控机制，也没有架构模式。

```
class RNNCell(nn.Module):
    def __init__(self, embed_dim, hidden_size, vocab_dim):
        super().__init__()

        self.hidden_size = hidden_size
        self.input2hidden = nn.Linear(embed_dim + hidden_size,
```

```
                            hidden_size)
    self.input2output = nn.Linear(embed_dim + hidden_size,
                                    vocab_dim)
    self.softmax = nn.LogSoftmax(dim=1)

def forward(self, inputs, hidden):
    combined = torch.cat((inputs, hidden), 2)
    hidden = self.input2hidden(combined)
    # Since it's encoder
    # We are not concerned about output
    # output = self.input2output(combined)
    # output = self.softmax(output)
    return hidden

def init_hidden(self, batch_size):
    return torch.zeros(1, batch_size, self.hidden_size)
```

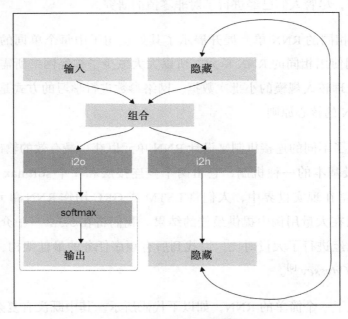

图 5.3　RNN 单元流程图

如图 5.3 所示，我们有两个全连接层，它们负责创建输出和输入的隐藏状态。
RNNCell 的 forward 函数接受当前的输入和前一个状态的隐藏状态，然后将它们连
接在一起。

一个 Linear 层以连接后的张量为输入，并为下一个单元生成隐藏状态。而另一个 Linear 层则为当前单元生成输出。在返回训练迭代之前，输出将通过 softmax 进行传递。RNNCell 有一个称为 init_hidden 的类方法，它可以方便地用于生成第一个隐藏状态，该状态具有我们在从 RNNCell 初始化对象时传递的隐藏状态大小。在开始遍历序列以获取第一个隐藏状态之前，我们将调用 init_hidden，该状态的初始值为零。

现在，我们已经准备好了网络中的最小组件。下一个任务是创建更高级别的组件，该组件遍历序列并使用 RNNCell 处理序列中的每个单词以生成隐藏状态。我们将其称为 Encoder 节点，它使用词汇量大小和隐藏节点大小对 RNNCell 进行初始化。记住，RNNCell 需要用于嵌入层的词汇量和用于生成隐藏状态的隐藏节点大小。在 forward 函数中，我们将输入作为参数，即序列的一个小批次。在这种特殊情况下，我们遍历 torchtext 的 BucketIterator，其中，torchtext 标识相同长度的序列并将它们分组在一起。

3. 实用工具

如果我们不使用 BucketIterator，或者序列长度不同，那怎么办？我们有两种选择：逐个执行序列；除最长的句子之外，对批次中的其他句子以零填充，以便所有句子的长度与最长的序列相同。

注：虽然在 PyTorch 中一个接一个地传递序列长度不会遇到序列长度不同的问题，但是，如果我们的框架是一个基于静态计算图的框架，那么我们将陷入困境。在静态计算图中，甚至序列长度也必须是静态的，这就是基于静态图的框架与基于 NLP 的任务极不兼容的原因。但是，像 TensorFlow 这样的高度复杂的框架通过为用户提供另一个名为 dynamic_rnn 的 API 来处理此问题。

第一种方法似乎很有效，因为对于每个句子，我们每次只处理一个单词。但是，小批次的输入要比一次处理一个数据输入更有效，这会使我们的损失函数收敛

到全局最小值。实现这一点的显著而有效的方法就是填充。用零值（或输入数据集中不存在的任何预定义值）对输入进行填充有助于解决此问题。但是，当我们尝试手动执行该操作时，这会变得很烦琐且多余，因为每次处理序列数据时都必须这样做。PyTorch 在 torch.nn 下有一个独立的实用程序包，其中包含 RNN 所需的实用工具。

序列填充

pad_sequence 函数的作用与其名称一致：在标识批次中最长的序列后，将其他所有句子填充至该长度，填充值为零。

```
>>> import torch.nn.utils.rnn as rnn_utils
>>> a = torch.Tensor([1, 2, 3])
>>> b = torch.Tensor([4, 5])
>>> c = torch.Tensor([6])
>>> rnn_utils.pad_sequence([a, b, c], True)

 1  2  3
 4  5  0
 6  0  0

[torch.FloatTensor of size (3,3)]
```

在给出的示例中，我们有三个不同长度的序列，其中最长序列的长度为 3。PyTorch 对其他两个序列进行填充，以使它们的长度均变为 3。pad_sequence 函数包含两个参数：一个位置参数，它是序列的排序序列（即最长序列（a）最先，最短序列（c）最后）；一个关键字参数，该参数决定用户是否使用 batch_first。

封装序列

你是否注意到了用零填充输入并使用 RNN 处理输入（尤其是在我们非常关注最后一个隐藏状态的情况下）存在的问题？包含一个非常长的句子的批次中的短句子最终将被填充许多零，并且在生成隐藏状态时，我们将不得不循环遍历这些零。

图 5.4 展示了一个包含三个句子的批次输入示例。我们将短句子用零填充，以

使其长度等于最长句子的长度。但是在处理它们时，最终也会处理这些零。对于双向 RNN，问题更加复杂，因为我们必须从两端进行处理。

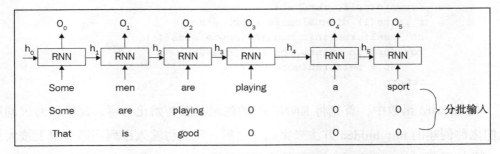

图 5.4　包含零的句子也有针对零计算的隐藏状态

将零添加到输入将污染结果，这是我们不希望看到的。封装序列就是为了规避这种影响。PyTorch 的工具函数 pack_sequence 就是旨在解决这个问题。

```
>>> import torch.nn.utils.rnn as rnn_utils
>>> import torch
>>> a = torch.Tensor([1, 2, 3])
>>> b = torch.Tensor([1, 2])
>>> c = torch.Tensor([1])
>>> packed = rnn_utils.pack_sequence([a, b, c])
>>> packed
PackedSequence(data=tensor([1., 1., 1., 2., 2., 3.]),
batch_sizes=tensor([3, 2, 1]))
```

pack_sequence 函数返回 PackedSequence 类的实例，所有用 PyTorch 编写的 RNN 模块都支持这样的实例。由于 PackedSequence 掩盖了输入中不需要的部分，所以其提高了模型的训练效率和准确性。前面的示例展示了 PackedSequence 的内容。但是，为简单起见，我们将避免在模型中使用封装序列，而将始终使用填充序列或 BucketIterator 的输出。

4. 编码器

```
class Encoder(nn.Module):
```

```
def __init__(self, embed_dim, vocab_dim, hidden_size):
    super(Encoder, self).__init__()
    self.rnn = RNNCell(embed_dim, hidden_size, vocab_dim)

def forward(self, inputs):
    # .size(1) dimension is batch size
    ht = self.rnn.init_hidden(inputs.size(1))
    for word in inputs.split(1, dim=0):
        ht = self.rnn(word, ht)
    return ht
```

在 forward 函数中，首先将 RNNCell 的隐藏状态初始化为零，这可以通过调用我们之前创建的 init_hidden 方法来完成。然后，我们将输入序列在第一维上按大小为 1 进行拆分，然后进行遍历。这是在假设输入为 batch_first 之后进行的，因此第一维将是序列长度。为了遍历每个单词，我们必须遍历第一维。

对于每个单词，我们使用当前单词（输入）和前一个状态的隐藏状态来调用 self.rnn 的 forward 函数。self.rnn 返回下一个单元的输出和隐藏状态，我们继续循环直到序列结束。对于我们的问题场景，不必担心输出，也不对从输出中获得的损失进行反向传播。相反，我们假设最后一个隐藏状态拥有句子的含义。

如果我们也能获得句子对中另一个句子的含义，则可以通过比较这些含义来预测该类是矛盾的、蕴含的还是中性的，并反向传播损失。这听起来像个好主意。但是，我们应该如何比较这两种含义？

5. 分类器

我们的网络的最后一个组件是分类器。因此，现在我们通过编码器处理了两个句子，并得到了它们的最终隐藏状态。现在是时候定义损失函数了。一种方法是计算两个句子中的高维隐藏状态之间的距离。损失可以按以下方式定义：

1）如果句子对是蕴含关系，则将损失最大化为一个较大的正值。

2）如果句子对是矛盾关系，则将损失最小化为一个较大的负值。

3）如果句子对是中性的，则将损失保持在零附近（在两个或三个边界中即可）。

另一种方法是将两个句子的隐藏状态拼接起来，然后将它们传递到另一层集，并定义最终的分类器层，该层可以将拼接的值分类为我们想要的三个类之一。实际的 SPINN 实现使用该方法，但是其使用的融合机制比简单的拼接更为复杂。

```python
class Merger(nn.Module):

    def __init__(self, size, dropout=0.5):
        super().__init__()
        self.bn = nn.BatchNorm1d(size)
        self.dropout = nn.Dropout(p=dropout)

    def forward(self, data):
        prem = data[0]
        hypo = data[1]
        diff = prem - hypo
        prod = prem * hypo
        cated_data = torch.cat([prem, hypo, diff, prod], 2)
        cated_data = cated_data.squeeze()
        return self.dropout(self.bn(cated_data))
```

在这里，Merger 节点的构建是为了模拟 SPINN 的实际实现。Merger 的 forward 函数入参为两个序列：prem 和 hypo。我们首先通过减法来确定两个句子之间的差异，然后通过逐元相乘计算它们之间的乘积。接下来，我们将实际句子与其间的差异和计算得到的乘积连接起来，并将其传递给批次归一化层和 dropout 层。

Merger 节点也是简单 RNN 的最终分类器层的一部分，它还包含一些其他节点。

封装类 RNNClassifier 将到目前为止定义的所有组件封装起来，并创建最终的分类器层作为 torch.nn.Sequential 的实例。整个网络的流程如图 5.3 所示，代码如下。

```python
class RNNClassifier(nn.Module)

    def __init__(self, config):
        super().__init__()
        self.embed = nn.Embedding(config.vocab_dim, config.embed_dim)
        self.encoder = Encoder(
            config.embed_dim, config.vocab_dim, config.hidden_size)
        self.classifier = nn.Sequential(
        Merger(4 * config.hidden_size, config.dropout),
        nn.Linear(4 * config.hidden_size, config.fc1_dim),
        nn.ReLU(),
```

```
        nn.BatchNorm1d(config.fc1_dim),
        nn.Dropout(p=config.dropout),
        nn.Linear(config.fc1_dim, config.fc2_dim)
    )

def forward(self, batch):
    prem_embed = self.embed(batch.premise)
    hypo_embed = self.embed(batch.hypothesis)
    premise = self.encoder(prem_embed)
    hypothesis = self.encoder(hypo_embed)
    scores = self.classifier((premise, hypothesis))
    return scores
```

RNNClassifier 模块有三个核心层，我们已在前面进行了讨论：

❑ 嵌入层，保存到 self.embed 中。

❑ 基于 RNNCell 的编码器层，该层存储在 self.encoder 中。

❑ 存储在 self.classifier 中的 nn.Sequential 层的实例。

最终序列层从 Merger 节点开始。合并后的输出的序列长度维数将增加四倍，因为我们将两个句子、两个句子的差和乘积都追加到了 Merger 的输出中。之后该输出经过一个全连接层，然后在 ReLU 非线性变换后使用 batchnorm1d 对其进行归一化。之后的 dropout 降低了过拟合的概率，随后经过另一个全连接层，该层为我们的输入数据创建了得分。输入数据将决定数据所属的类别（蕴含、矛盾或中性）。

dropout

dropout 是苹果公司机器学习工程师 Nitish Srivastava 提出的革命性想法。它消除了对通常的正则化技术的需求，而正则化技术在 dropout 之前一直很普遍。借助于 dropout，我们随机丢弃了网络中神经元之间的连接（如图 5.5 所示），因此网络不得不泛化并且不能偏向任何类型的外部因素。要删除神经元，只需将其输出设置为零即可。丢弃随机神经元可防止网络共适，因此在很大程度上降低了过拟合。

PyTorch 在 torch.nn 包中提供了一个更高阶的 dropout 层，该层在初始化时以 dropout 因子为入参。它的 forward 函数只是关闭一些输入。

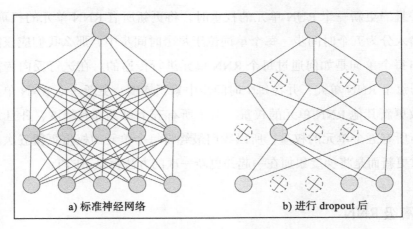

a) 标准神经网络　　　　　　　b) 进行 dropout 后

图 5.5　dropout

6. 训练

对于所构建的所有小组件，我们有一个单独的封装模块，即 RNNClassifier。训练过程与本书所遵循的过程相似。初始化 model 类，定义损失函数，然后定义优化器。一旦完成所有这些设置并初始化了超参数，就把整个控制流程交给 ignite。但是在简单的 RNN 中，由于我们是在从 GloVe 向量中学习的词嵌入中进行迁移学习，所以我们必须将学习到的权重转移到嵌入层的权重矩阵中。这是通过以下代码片段的第二行完成的。

```
model = RNNClassifier(config)
model.embed.weight.data = inputs.vocab.vectors
criterion = nn.CrossEntropyLoss()
opt = optim.Adam(model.parameters(), lr=lr)
```

尽管 PyTorch 会进行反向过程，并且反向传播在概念上始终是相同的，但是序列网络的反向传播与在普通网络中进行的反向传播并不完全相似。在这里，我们进行**随时间反向传播**（BPTT）。为了理解 BPTT 的工作原理，我们必须假设 RNN 是相似 RNN 单元的长重复单元，而不是将相同的输入视为通过同一 RNN 单元进行传递。

如果句子中有五个单词，那么我们有五个 RNN 单元，但是所有单元的权重都相同，并且当更新一个 RNN 单元的权重时，将更新所有 RNN 单元的权重。现在，如果将输入分为五个时间步，每个单词位于每个时间步中，那么我们应该能够轻松地描绘出每个单词是如何通过每个 RNN 单元进行传递的。在进行反向传播时，我们将遍历每个 RNN 单元，并在每个时间步中累积梯度。更新一个 RNN 单元的权重也会导致更新其他 RNN 单元的权重。由于所有五个单元都有梯度，并且每次更新都将更新所有五个单元的权重，所以我们最终将每个单元的权重更新五次。不进行五次权重更新而是将梯度累加在一起并更新一次的方法就是 BPTT。

5.3.2 高级 RNN

对于基于 LSTM 或 GRU 的网络，"高级"可能是一个模糊的术语，因为在默认情况下，这些架构是在所有序列数据处理网络中使用的默认网络架构。与 20 世纪 90 年代提出的 LSTM 网络相比，GRU 网络是一个相对较新的设计。这两种网络都是门控循环网络的不同形式，其中 LSTM 网络的架构比 GRU 网络更复杂。这些网络架构被概括为门控循环网络，因为它们具有用于处理通过网络的输入 / 梯度流的门。门本质上是激活函数（如 sigmoid），用于决定流经的数据量。在这里，我们将详细研究 LSTM 和 GRU 的架构，并介绍 PyTorch 如何提供对 LSTM 和 GRU 的 API 的访问。

1. LSTM

LSTM 网络由 Sepp Hochreiter 于 1991 年开发，并于 1997 年发表。LSTM 网络在循环单元中建立了多个门，其中标准 RNNCell 的一个 Linear 层通过与 softmax 层相互作用以生成输出，而另一个 Linear 层则生成隐藏状态。有关 LSTM 的详细介绍，请参见原始论文或 Christopher Olah 的博客"Understanding LSTM Networks"[4]。

LSTM 主要由遗忘门、更新门和单元状态组成（图 5.6），这使得 LSTM 与普通 RNN 单元不同。该架构经过精心设计，可以执行特定任务。遗忘门使用输入向量和先前状态的隐藏状态来决定应遗忘的内容，更新门使用当前输入和先前的隐藏状态来确定应添加到信息库中的内容。

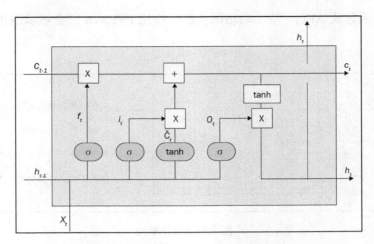

图 5.6　LSTM 单元

这些决策基于 sigmoid 层的输出，该层始终输出一个 0 ～ 1 的范围内的值。因此，遗忘门中的值为 1 表示会记住所有内容，而值为零则意味着会忘记所有内容。该规则在更新门中同样适用。

所有操作都将在网络的单元状态上并行执行，这与网络中的信息仅有线性交互作用，因此允许数据无缝地向前和向后流动。

2. GRU

与 LSTM 相比，GRU 是相对较新的设计，它效率高且复杂度低。简而言之，GRU 将遗忘门和更新门合并在一起，并且仅对单元状态进行一次更新，如图 5.7 所示。实际上，GRU 没有单独的单元状态和隐藏状态，它将两者合并在一起以创建一个状态。这些简化在很大程度上降低了 GRU 的复杂性，同时不影响网络预测的准确性。由于 GRU 比 LSTM 具有更高的性能，所以它如今已被广泛使用。

3. 架构

我们的模型架构与 RNNClassifier 相似，但是其中的 RNNCell 被 LSTM 或 GRU 单元所替代。 PyTorch 有可用于将 LSTM 单元或 GRU 单元用作循环网络的最小单元的函数式 API。 基于动态图功能，使用 PyTorch 完全可以遍历序列并调用单元。

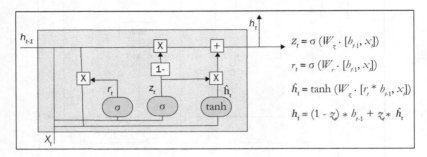

$$z_t = \sigma \left(W_z \cdot [h_{t-1}, x_t] \right)$$

$$r_t = \sigma \left(W_r \cdot [h_{t-1}, x_t] \right)$$

$$\hat{h}_t = \tanh \left(W_{\hat{z}} \cdot [r_t * h_{t-1}, x_t] \right)$$

$$h_t = (1 - z_t) * h_{t-1} + z_t * \hat{h}_t$$

图 5.7　GRU 单元

高级 RNN 和简单 RNN 之间的唯一区别在于编码器网络。RNNCell 类已被替换为 torch.nn.LSTMCell 或 torch.nn.GRUCell，而 Encoder 类使用这些预建单元而不是前面的自定义 RNNCell。

```
class Encoder(nn.Module):

    def __init__(self, config):
        super(Encoder, self).__init__()
        self.config = config
        if config.type == 'LSTM':
            self.rnn = nn.LSTMCell(config.embed_dim,
                    config.hidden_size)
        elif config.type == 'GRU':
            self.rnn = nn.GRUCell(config.embed_dim,
                    config.hidden_size)

    def forward(self, inputs):
        ht = self.rnn.init_hidden()
        for word in inputs.split(1, dim=1):
            ht, ct = self.rnn(word, (ht, ct))
```

LSTMCell 和 GRUCell

LSTMCell 和 GRUCell 的函数式 API 完全相似，这也正是自定义 RNNCell 的构建方式。它们都以输入大小和隐藏节点大小为输入来初始化。forward 函数的入参为具有输入大小的输入的小批次，并为该实例创建单元状态和隐藏状态，然后将其传递给下一个执行输入。在静态图框架中进行这样的实现是极其困难的，因为在整个执行期间，图是预先编译的并且是静态的。循环语句也应作为图节点成为图的一部分。这需要用户学习额外的 op 节点或其他在内部处理循环的函数式 API。

4. LSTM 和 GRU

虽然 PyTorch 提供了细粒度的 LSTMCell 和 GRUCell API，但它还可以处理用户不需要细粒度 API 的情况。这在某些场景下很有用，例如当用户不需要更改 LSTM 内部的工作机制而性能优先时。众所周知，Python 中的循环很慢。 torch.nn 模块提供了用于 LSTM 和 GRU 网络的更高阶的 API，这些 API 封装了 LSTMCell 和 GRUCell，并使用 cuDNN(CUDA 深度神经网络)LSTM 和 cuDNN GRU 实现了加速。

```python
class Encoder(nn.Module):

    def __init__(self, config):
        super(Encoder, self).__init__()
        self.config = config
        if config.type == 'LSTM':
            self.rnn = nn.LSTM(input_size=config.embed_dim, hidden_
size=config.hidden_size,
                                num_layers=config.n_layers,
dropout=config.dropout,
                                bidirectional=config.birnn)
        elif config.type == 'GRU':
            self.rnn = nn.GRU(input_size=config.embed_dim, hidden_
size=config.hidden_size,
                               num_layers=config.n_layers,
dropout=config.dropout,
                               bidirectional=config.birnn)

    def forward(self, inputs):
        batch_size = inputs.size()[1]
        state_shape = self.config.cells, batch_size,
                    self.config.hidden_size
        h0 = c0 = inputs.new(*state_shape).zero_()
        outputs, (ht, ct) = self.rnn(inputs, (h0, c0))
        if not self.config.birnn:
            return ht[-1]
        else:
            return ht[-2:].transpose(0, 1).contiguous().view(
            batch_size, -1)
```

与 LSTMCell 和 GRUCell 相似，LSTM 和 GRU 具有相似的函数式 API，以使它们彼此兼容。此外，LSTM 和 GRU 接受的参数比其对应单元的参数更多，其中 num_layers、dropout 和 bidirectional 是非常重要的参数。

dropout 参数（如果为 True）将为网络实现添加一个 dropout 层，这有助于避免过拟合和对网络进行正则化。使用像 LSTM 的高阶 API 不依赖 Python 循环，并一次性以完整的序列作为输入。尽管其可以接受正常序列作为输入，但还是建议传递封装（掩盖）的输入，这样可以提高性能，因为 cuDNN 后端希望输入是这样的。

增加层数

从语义上来说，RNN 中的层数与任何类型的神经网络中不断增加的层数类似。由于它可以保存有关数据集的更多信息，所以提高了网络的学习能力。一个多层 RNN 如图 5.8 所示。

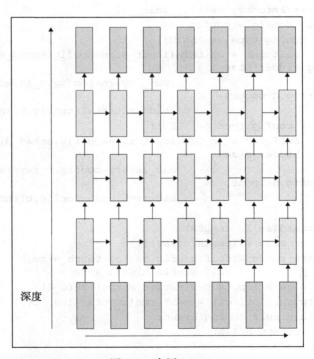

图 5.8　多层 RNN

在 PyTorch 的 LSTM 中，添加多个层只是对象初始化的一个参数：num_layers。但这需要单元状态和隐藏状态的形状为 [num_layers × num_directions，batch，hidden_size]，其中，num_layers 是层数，并且 num_directions 对于单向 RNN 是 1，对于双向 RNN 是 2（尝试通过使用更多的层和双向 RNN 来提高模型性能）。

双向 RNN

RNN 实现通常是单向的，这就是目前为止我们已经实现的。单向 RNN 和双向 RNN 之间的区别在于，在双向 RNN 中，反向过程等效于在相反方向上的前向过程。因此，反向过程输入的是相同的序列，但是该序列是反向的。一个双向 RNN 如图 5.9 所示。

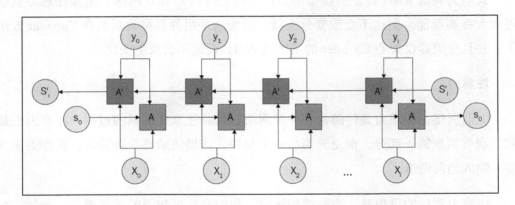

图 5.9　双向 RNN

事实证明，双向 RNN 的性能要优于单向 RNN，其原因很容易理解，尤其是对于 NLP 任务来说。但这不能一概而论，并非在所有情况下都是如此。从理论上讲，如果任务需要过去和将来的信息，则双向 RNN 往往会表现得更好。例如，预测单词来进行填空需要上一个序列和下一个序列的信息。

在我们的分类任务中，双向 RNN 的效果更好，因为当 RNN 使序列具有上下文含义时，它利用了来自两侧的序列流。PyTorch 的 LSTM 或 GRU 的 bidirectional 入参为布尔值，该值决定网络是否应为双向的。

如前所述，若使用 bidirectional 标识，则隐藏状态和单元状态的形状必须是 [num_layers × num_directions，batch，hidden_size]，其中，如果网络是双向的，则 num_directions 必须为 2。另外，需要注意，双向 RNN 并非总是首选，尤其是对于那些没有未来信息（例如股价预测等）的数据集。

5. 分类器

高级 RNNClassifier 与简单 RNNClassifier 完全相同，唯一的例外是 RNN 编码器已被 LSTM 或 GRU 编码器替代。但是，高级分类器使用了高度优化的 cuDNN 后端，因此可以显著提高网络性能，尤其是在 GPU 上。

我们为高级 RNN 开发的模型是多层双向 LSTM / GRU 网络。增加注意力机制可大大提高性能。但这不会改变分类器，因为这些组件都将被封装在 Encoder 方法下，并且分类器仅关心 Encoder 的函数式 API，而这不会发生变化。

注意力

如前所述，注意力是伴随常规神经网络过程关注重要区域的过程。注意力不是我们现有实现的一部分，而是充当另一个模块，该模块始终检查输入，并作为额外输入输入当前网络。

注意力背后的思想是，当阅读句子时，我们专注于句子的重要部分。例如，在将一个句子从一种语言翻译成另一种语言时，我们更关注上下文信息，而不是文章或构成句子的其他单词。

一旦概念清晰，在 PyTorch 中使用注意力就很简单。注意力可以有效地用于很多场景，包括语音处理、翻译（曾经自动编码器是首选）、CNN 到 RNN（用于图像标题生成）等。

实际上，在论文"Attention Is All You Need"[5] 中，作者只使用注意力并删除所有其他复杂的网络架构（如 LSTM）就可以得到 SOTA 结果。

5.3.3　递归神经网络

某些语言研究人员永远不会赞同 RNN 的工作方式，即从左到右按顺序阅读句子，尽管这是很多人的阅读方式。有人坚信语言具有层次结构，利用这种结构可以轻松解决 NLP 问题。递归神经网络就是使用该方法来解决 NLP 任务的尝试，它基于要处理的语言的短语将序列变更为为树结构。SNLI 是为此目的而创建的数据集，其中每个句子都以树结构排列。

我们尝试构建的特定递归网络是 SPINN，它是通过兼顾二者优势而构建的。SPINN 从左到右处理数据，就像人类的阅读方式一样，但仍保持层次结构完整。从左向右读取数据的方法相对于按层次进行解析还有另一个优势：网络在从左向右阅读时可以最终学习生成语法树。这可以通过使用 shift-reduce 解析器（图 5.10）以及堆栈和缓冲区数据结构来实现。

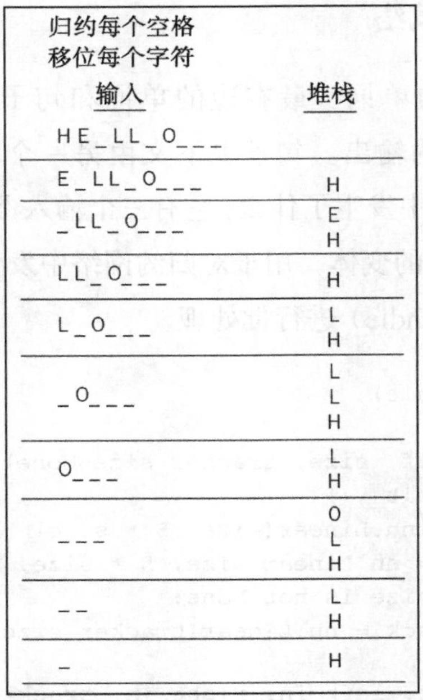

图 5.10　shift-reduce 解析器

SPINN 将输入的句子编码为固定长度的向量，就像基于 RNN 的编码器根据每个序列创建有意义的向量一样。来自每个数据点的两个句子都将通过 SPINN 传递，并创建各自的编码向量，然后，由融合网络和分类器网络对其进行处理，以获取三个类别中每个类别的得分。

如果你想知道在不暴露任何 PyTorch 的函数式 API 的情况下，需要利用什么来展示 SPINN 实现，那么答案就是：SPINN 是展示 PyTorch 如何适应任何类型的神经网络架构的最佳示例。无论架构是什么形式，PyTorch 都不会构成障碍。

如果没有众多的开发者，在静态计算图之上构建的框架就无法实现像 SPINN 这样的网络架构。这可能是所有流行框架围绕其核心实现来构建动态计算图封装的原因，例如 TensorFlow 的 eager、MXNet、CNTK 的 Gluon API 等。我们将看到 PyTorch 的 API 在计算图中对实现任何类型的条件判断或循环遍历有多么直观。SPINN 是展示这些的完美示例。

1. Reduce——归约网络

归约网络以最左边的单词、最右边的单词和句子上下文作为输入，并生成 forward 调用中的单个归约输出。句子上下文由另一个称为 Tracker 的深度网络提供。Reduce 并不关心网络中发生了什么；它有三个输入参数，并由此生成归约输出。树型 LSTM 是标准 LSTM 的变体，用于对归约网络中发生的繁重操作以及其他辅助功能（例如 bundle 和 unbundle）进行批处理。

```
class Reduce(nn.Module):

    def __init__(self, size, tracker_size=None):
        super().__init__()
        self.left = nn.Linear(size, 5 * size)
        self.right = nn.Linear(size, 5 * size, bias=False)
        if tracker_size is not None:
            self.track = nn.Linear(tracker_size, 5 * size,
bias=False)
    def forward(self, left_in, right_in, tracking=None):
        left, right = bundle(left_in), bundle(right_in)
        tracking = bundle(tracking)
        lstm_in = self.left(left[0])
        lstm_in += self.right(right[0])
```

```
        if hasattr(self, 'track'):
            lstm_in += self.track(tracking[0])
    out = unbundle(tree_lstm(left[1], right[1], lstm_in))
    return out
```

Reduce 本质上是一个典型的神经网络模块，它对由三个参数组成的输入执行 LSTM 操作。

2. Tracker

在循环中，在每次 SPINN 的 forward 调用中都会调用 Tracker 的 forward 方法。在归约操作开始之前，我们需要将上下文向量传递给 Reduce 网络，因此，在 SPINN 的 forward() 函数中执行任何操作之前，先遍历 transition 向量并创建缓冲区、堆栈和上下文向量。由于 PyTorch 变量会跟踪历史事件，所以将记录所有这些循环操作并可以进行反向传播。

```
class Tracker(nn.Module):

    def __init__(self, size, tracker_size, predict):
        super().__init__()
        self.rnn = nn.LSTMCell(3 * size, tracker_size)
        if predict:
            self.transition = nn.Linear(tracker_size, 4)
        self.state_size = tracker_size

    def reset_state(self):
        self.state = None

    def forward(self, bufs, stacks):
        buf = bundle(buf[-1] for buf in bufs)[0]
        stack1 = bundle(stack[-1] for stack in stacks)[0]
        stack2 = bundle(stack[-2] for stack in stacks)[0]
        x = torch.cat((buf, stack1, stack2), 1)
        if self.state is None:
            self.state = 2 * [x.data.new(x.size(0),
 self.state_size).zero_()]
        self.state = self.rnn(x, self.state)
        if hasattr(self, 'transition'):
            return unbundle(self.state),
 self.transition(self.state[0])
        return unbundle(self.state), None
```

3. SPINN

SPINN 模块是所有小型组件的封装类。对 SPINN 的初始化与对组件模块 Reduce 和 Tracker 的初始化一样简单。内部节点间所有繁重的工作和协调都在 SPINN 的 forward 调用中进行管理。

```python
class SPINN(nn.Module):

    def __init__(self, config):
        super().__init__()
        self.config = config
        assert config.d_hidden == config.d_proj / 2
        self.reduce = Reduce(config.d_hidden, config.d_tracker)
        self.tracker = Tracker(config.d_hidden, config.d_tracker,
                               predict=config.predict)
```

forward 调用的主要部分是对 Tracker 的 forward 方法的调用，它处于循环中。我们遍历输入序列，并为转换序列中的每个单词调用 Tracker 中的 forward 方法，然后根据转换实例将输出保存到上下文向量列表中。如果转换是"shift"，则堆栈中将添加当前单词；如果转换是"reduce"，则将使用已创建的跟踪对象调用 Reduce，并从最左边和最右边的单词分别从左边和右边的列表中移除。

```python
    def forward(self, buffers, transitions):
        buffers = [list(torch.split(b.squeeze(1), 1, 0))
                   for b in torch.split(buffers, 1, 1)]
        stacks = [[buf[0], buf[0]] for buf in buffers]
        if hasattr(self, 'tracker'):
            self.tracker.reset_state()
        else:
            assert transitions is not None
        if transitions is not None:
            num_transitions = transitions.size(0)
        else:
            num_transitions = len(buffers[0]) * 2 - 3
        for i in range(num_transitions):
            if transitions is not None:
                trans = transitions[i]
            if hasattr(self, 'tracker'):
                tracker_states, trans_hyp = self.tracker(buffers,
    stacks)
                if trans_hyp is not None:
                    trans = trans_hyp.max(1)[1]
            else:
```

```
        tracker_states = itertools.repeat(None)
    lefts, rights, trackings = [], [], []
    batch = zip(trans.data, buffers, stacks, tracker_states)
    for transition, buf, stack, tracking in batch:
        if transition == 3: # shift
            stack.append(buf.pop())
        elif transition == 2: # reduce
            rights.append(stack.pop())
            lefts.append(stack.pop())
            trackings.append(tracking)
    if rights:
        reduced = iter(self.reduce(lefts, rights, trackings))
        for transition, stack in zip(trans.data, stacks):
            if transition == 2:
                stack.append(next(reduced))
return bundle([stack.pop() for stack in stacks])[0]
```

5.4　总结

序列数据是深度学习中最活跃的研究领域之一，特别是因为自然语言数据是序列形式的。但是，序列数据处理不仅限于此。时间序列数据本质上是我们周围发生的一切事情，包括声音、其他波形等，它们实际上也都是序列形式的。

处理序列数据最困难的问题是长期依赖，但是序列数据要为复杂。RNN 是序列数据处理领域的突破。研究人员已经探索了成千上万种不同的 RNN 变体，并且它仍然是一个活跃的领域。

在本章中，我们介绍了序列数据处理的基本构建模块。尽管我们的场景只有英语，但是这里的技术普适于任何类型的数据。对于初学者来说，了解这些基础构建模块至关重要，因为之后的所有内容都建立在它们之上。

尽管我们没有详细介绍更高级的主题，但基于本章介绍的内容可以进入更高级的说明和教程。目前存在不同的 RNN 组合，甚至有 RNN 与 CNN 的组合以用于序列数据处理。理解本书给出的概念将有助于让你开始探索人们尝试过的不同方法。

在下一章中，我们将介绍生成对抗网络，这是深度学习的重大发展成果。

参考资料

1. `https://arxiv.org/pdf/1706.03762.pdf`

2. `https://github.com/stanfordnlp/spinn`

3. *LSTM: A Search Space Odyssey*, Greff, Klaus, Rupesh Kumar Srivastava, Jan Koutník, Bas R. Steunebrink, and Jürgen Schmidhuber, IEEE Transactions on Neural Networks and Learning Systems, Vol. 28, 2017, pp. 2222-2232, `https://arxiv.org/abs/1503.04069`

4. `http://colah.github.io/posts/2015-08-Understanding-LSTMs/`

5. *Attention Is All You Need*, Vaswani, Ashish, Noam Shazeer, Niki Parmar, Jakob Uszkoreit, Llion Jones, Aidan N. Gomez, Lukasz Kaiser, and Illia Polosukhin, NIPS, 2017

第 6 章 _Chapter 6_

生 成 网 络

生成网络的背景是加州理工学院物理学教授、诺贝尔奖获得者理查德·费曼（Richard Feynman）的名言："我无法创造，我就无法理解。"生成网络是最有前景的方法之一，它拥有一套能够理解世界并在其中存储知识的体系。顾名思义，生成网络学习数据真实分布的模式，并尝试生成看起来像该真实数据分布中的样本的新样本。

生成模型是无监督学习的分支，因为它通过生成样本来学习潜在的模式。生成模型通过生成低维隐向量和参数向量来学习生成图像所需的重要特征，从而实现了这一目的。网络在生成图像时获得的知识本质上是关于系统和环境的知识。在某种程度上，我们通过迫使网络做一些事情来欺骗网络，但是，网络必须在不了解自身正在学习的情况下来学习我们的需求。

生成网络已经在不同的深度学习领域，尤其是在计算机视觉领域展现出喜人的成果。一些活跃的研究领域包括：去模糊或提高图像分辨率；为图像填充缺失片段；对音频片段进行去噪；由文本生成语音；自动回复消息；从文本生成图像／视频。

在本章中，我们将讨论一些主要的生成网络架构。更具体地说，我们将介绍一个自回归模型和一个**生成对抗网络**（GAN）。首先，我们将介绍这两种网络架构的基本构成要素以及它们之间的区别。除此之外，我们还将介绍一些示例和 PyTorch 代码。

6.1 方法定义

生成网络如今主要用于艺术场景中，例如风格转换、图像优化、去模糊、分辨率改善等。图 6.1 展示了计算机视觉领域使用的生成模型的两个例子。

图 6.1 生成模型应用示例（图像修复和超分辨率）

图片来源：*Generative Image Inpainting with Contextual Attention*, Jiahui Yu 等人；*Photo-Realistic Single Image Super-Resolution Using a Generative Adversarial Network*, Christian Ledig 等人。

GAN 的创建者 Ian Goodfellow 开发了如图 6.2 所示的几种生成网络。

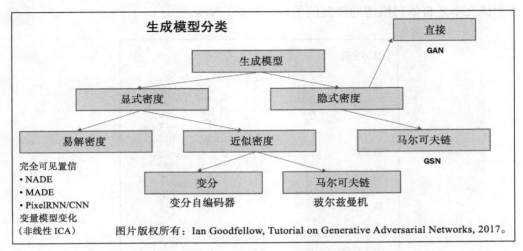

图 6.2　生成网络层次结构

我们将介绍两种在过去得到了广泛研究而现在仍然活跃的生成网络：

❑　自回归模型

❑　GAN

自回归模型是根据先前值推断当前值的模型，正如我们在第 5 章中关于 RNN 所述。**变分自编码器**（VAE）是自编码器的一种变体，由编码器和解码器组成。其中，编码器将输入编码为低维隐式空间向量，解码器对隐向量进行解码以生成类似于输入的输出。

整个学术领域都有一个共识，即 GAN 是人工智能领域中的下一件大事。GAN 包含一个生成网络和一个对抗网络，二者相互竞争以生成高质量的输出图像。GAN 和自回归模型基于不同的机制，但是每种方法都有其优点和缺点。在本章中，我们将根据这两种方法分别开发基本示例。

6.2　自回归模型

自回归模型使用先前步骤中的信息来创建下一个输出。用 RNN 为语言模型任务生成文本是自回归模型的典型例子, 如图 6.3 所示。

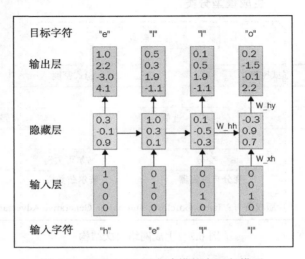

图 6.3 用于 RNN 语言建模的自回归模型

自回归模型单独生成第一个输入, 或者我们将输入输送给网络。例如, 对于 RNN 而言, 我们将第一个单词输送给网络, 而网络使用我们提供的第一个单词来假定第二个单词是什么。然后, 它使用第一个单词和第二个单词来预测第三个单词, 以此类推。

尽管大多数生成任务用于图像, 但我们的自回归生成用于音频。我们将构建 WaveNet, 它是 Google DeepMind 的研究成果, 也是当前音频生成领域的领先技术, 尤其是用于文字转语音方面。通过 WaveNet, 我们将探索用于音频处理的 PyTorch API。但是在实现 WaveNet 之前, 我们需要实现 WaveNet 的基础模块 PixelCNN, 它基于自回归卷积神经网络来构建。

自回归模型已经被广泛应用和研究, 而每种流行的方法都有其自身的缺点。自回归模型的主要缺点是速度, 因为它按序列生成输出。 由于前向过程也是按序列进行的, 所以在 PixelRNN 中情况会变得更糟。

6.2.1 PixelCNN

PixelCNN 是 DeepMind 推出的三种自回归模型之一。从 PixelCNN 的首次推出以来，人们已经对其进行了多次迭代以提高速度和效率。但是我们将介绍基本的 PixelCNN，这是构建 WaveNet 所需要的。

PixelCNN 生成的图像如图 6.4 所示。PixelCNN 一次生成一个像素，并使用该像素生成下一个像素，然后使用前两个像素生成第三个像素。在 PixelCNN 中，有一个概率密度模型，该模型可以学习所有图像的密度分布并根据该分布生成图像。但是在这里，我们试图通过使用之前所有预测的联合概率来限制在所有先前生成的像素的基础上生成的每个像素。

图 6.4　PixelCNN 生成的图像

图片来源：*Conditional Image Generation with PixelCNN Decoders*, Aäron van den Oord 等人。

与 PixelRNN 不同，PixelCNN 使用卷积层作为感受野，从而缩短了输入的读取时间。想象一下图像被某些东西遮挡：假设只有一半图像。我们只有一半图像，我们的算法需要生成剩下的一半图像。在 PixelRNN 中，对于一半的图像，网络需要逐个获取像素，就像单词的序列一样，然后将逐个像素地生成另一半图像。而 PixelCNN 则通过卷积层一次性获取图像。但是，无论如何，PixelCNN 的生成都必须是序列化的。你可能想知道只有一半的图像如何进行卷积——答案是掩膜卷积，接下来我们将对其进行介绍。

图 6.5 展示了如何对像素集应用卷积运算来预测中心像素。与其他模型相比，自回归模型的主要优点是：联合概率学习技术易于处理，并且可以用梯度下降法进行学习。这里没有近似计算，我们只是尝试在给定所有先前像素值的情况下预测每个像素值，并且训练过程完全由反向传播来支持。但是，由于生成始终是按顺序进行的，所以我们无法使用自回归模型来扩展。PixelCNN 是一个结构良好的模型，可以将单个概率的乘积作为所有先前像素的联合概率，同时生成新像素。在 RNN 模型中，这种行为是默认的，但是 CNN 模型通过使用巧妙设计的掩膜来实现，如前所述。

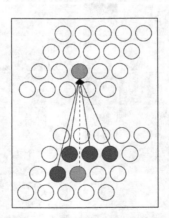

图 6.5　根据周围像素预测像素值

PixelCNN 捕获参数中像素之间的依存关系分布，这与其他方法不同。VAE 通过生成隐藏的隐向量来学习此分布，它引入了独立的假设。在 PixelCNN 中，不仅学习先前像素之间的依赖关系，还学习不同通道之间的依赖关系（在标准的彩色图像中，通道指红、绿和蓝（RGB））。

一个基础问题是：如果 CNN 尝试使用当前像素或将来的像素来学习当前像素，那该怎么办？这也由掩膜实现，掩膜将自身的粒度也提高到通道级别。例如，当前像素的红色通道不会从当前像素中学习，但会从先前的像素中学习。但是绿色通道现在可以使用当前红色通道和所有先前的像素。同样，蓝色通道可以从当前像素的绿色和红色通道以及之前的所有像素中学习。

整个网络中使用两种类型的掩膜，但是后面的层不需要具有这种操作，尽管它们在进行并行卷积操作时仍需要模拟序列学习。因此，PixelCNN 的论文 [1] 引入了两种类型的掩膜：掩膜 A 和掩膜 B。

使得 PixelCNN 在与其他传统 CNN 模型的比较中脱颖而出的主要架构差异之一是其缺少池化层。由于 PixelCNN 的目的不是以缩小尺寸的形式捕获图像的本质，而且其不能承担通过池化而丢失上下文的风险，所以其作者故意删除了池化层。

```
fm = 64

net = nn.Sequential(
    MaskedConv2d('A', 1, fm, 7, 1, 3, bias=False),
    nn.BatchNorm2d(fm), nn.ReLU(True),
    MaskedConv2d('B', fm, fm, 7, 1, 3, bias=False),
    nn.BatchNorm2d(fm), nn.ReLU(True),
    MaskedConv2d('B', fm, fm, 7, 1, 3, bias=False),
    nn.BatchNorm2d(fm), nn.ReLU(True),
    MaskedConv2d('B', fm, fm, 7, 1, 3, bias=False),
    nn.BatchNorm2d(fm), nn.ReLU(True),
    MaskedConv2d('B', fm, fm, 7, 1, 3, bias=False),
    nn.BatchNorm2d(fm), nn.ReLU(True),
    MaskedConv2d('B', fm, fm, 7, 1, 3, bias=False),
    nn.BatchNorm2d(fm), nn.ReLU(True),
    MaskedConv2d('B', fm, fm, 7, 1, 3, bias=False),
    nn.BatchNorm2d(fm), nn.ReLU(True),
    MaskedConv2d('B', fm, fm, 7, 1, 3, bias=False),
    nn.BatchNorm2d(fm), nn.ReLU(True),
    nn.Conv2d(fm, 256, 1))
```

前面的代码片段是完整的 PixelCNN 模型，该模型封装在序列单元中。它由一些 MaskedConv2d 实例组成，这些实例继承自 torch.nn.Conv2d，并使用了来自 torch.nn 的 Conv2d 的所有参数：*args 和 **kwargs。每个卷积单元之后是批次归一化层和 ReLU 层，该卷积单元是与卷积层的成功组合。其作者没有在最终层上使用线性层，而是决定使用普通二维卷积，事实证明，该方法比线性层更好。

1. 掩膜卷积

在进行网络训练时，PixelCNN 中使用了掩膜卷积，以防止来自将来的像素和当前像素的信息流向生成任务。这很重要，因为在生成像素时，无法访问将来的像素或当前像素。但是，其中有一个例外，如前所述。当前绿色通道值的生成可以使用对红色通道的预测，而当前蓝色通道的生成可以使用对绿色和红色通道的预测。

掩膜操作通过将所有不需要的像素清零来完成。我们将创建一个与卷积核大小相等的、元素值为 1 和 0 的掩膜张量，对于所有不需要的像素，该掩膜张量中的对应元素均为 0。然后，在进行卷积运算之前，此掩膜张量与权重张量相乘。如图 6.6 所示。

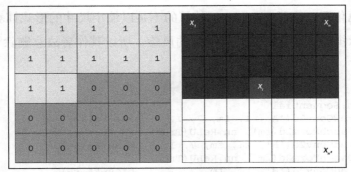

图 6.6　左侧是掩膜，右侧是 PixelCNN 中的上下文信息

由于 PixelCNN 不使用池化层和反卷积层，所以随着流的进行，通道大小应保持恒定。掩膜 A 专门负责阻止网络从当前像素中学习值；掩膜 B 则将通道大小恒定为 3（RGB），并通过允许当前像素值依赖其自身值来使网络具有更大的灵活性。如图 6.7 所示。

```
class MaskedConv2d(nn.Conv2d):
    def __init__(self, mask_type, *args, **kwargs):
        super().__init__(*args, **kwargs)
        assert mask_type in ('A', 'B')
        self.register_buffer('mask', self.weight.data.clone())
        _, _, kH, kW = self.weight.size()
        self.mask.fill_(1)
        self.mask[:, :, kH // 2, kW // 2 + (mask_type == 'B'):] =
        0
```

```
        self.mask[:, :, kH // 2 + 1:] = 0

    def forward(self, x):
        self.weight.data *= self.mask
        return super(MaskedConv2d, self).forward(x)
```

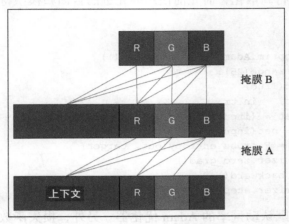

图 6.7　掩膜 A 和掩膜 B

前面的 MaskedConv2d 类继承自 torch.nn.Conv2d，而不是继承自 torch.
nn.Module。即使我们从 torch.nn.Module 继承以正常创建自定义模型类，但由于我
们试图使用 Conv2d 来增强掩膜操作，所以我们还是从 torch.nn.Conv2D 继承而来，
后者继承了 torch.nn.Module。类方法 register_buffer 是 PyTorch 提供的便利的 API
之一，用于将任何张量添加到 state_dict 字典对象，如果尝试将模型保存到磁盘，
则该对象将与模型一起保存到磁盘。

增加有状态变量（然后可以在 forward 函数中重用）的一种明显方法是将其添
加为对象属性。

```
self.mask = self.weight.data.clone()
```

但这绝不会成为 state_dict 的一部分，也永远不会保存到磁盘。使用 register_
buffer 可以确保我们创建的新张量成为 state_dict 的一部分。然后使用 fill_ 操作对
掩膜张量填充 1，然后，向其添加 0 以得到如图 6.6 所示的张量，尽管图 6.6 仅显示
二维张量，但实际的权重张量尺寸为 3。forward 函数仅用于通过乘以掩膜张量来遮

挡权重张量。乘法将保留与掩膜为 1 的索引对应的所有值，同时删除与掩膜为 0 的
索引对应的所有值。然后，对父 Conv2d 层的常规调用使用权重张量进行二维卷积。

网络的最后一层是 softmax 层，可预测像素在 0 ～ 255 中的可能的值，从而对
网络的输出生成进行离散化，而先前使用的先进的自回归模型将继续在最后一层生
成值。

```
optimizer = optim.Adam(net.parameters())
for epoch in range(25):
    net.train(True)
    for input, _ in tr:
        target = (input[:,0] * 255).long()
        out = net(input)
        loss = F.cross_entropy(out, target)
        optimizer.zero_grad()
        loss.backward()
        optimizer.step()
```

训练使用具有默认动量率的 Adam 优化器。另外，损失函数是基于 PyTorch 的
Functional 模块创建的。除了创建 target 变量之外，其他所有过程都与标准的训练
操作相同。

到现在为止，我们一直在进行监督学习，其中明确给出标签。但是在这种情况
下，目标与输入相同，因为我们试图重建相同的输出。torchvision 程序包对像素应
用了转换和归一化，并将像素值范围从 0 ～ 255 转换为 –1 ～ 1。我们需要转换回
0 ～ 255 的范围，因为最后一层使用了 softmax，而其生成的概率分布在 0 ～ 255
之中。

2. 门控 PixelCNN

DeepMind 在一篇论文中成功地应用了门控 PixelCNN，其将 ReLU 激活函数
替换为由 sigmoid 和 tanh 构建的门。PixelCNN [1] 的介绍性论文提供了三种用于
解决同一种生成网络的不同方法，其中具有 RNN 的模型的性能优于其他两种。
DeepMind 仍引入了基于 CNN 的模型来展示与 PixelRNN 相比的速度增益。但是，
随着 PixelCNN 中的门控激活的引入，其模型性能可以与 RNN 变体相媲美，进而获

得更大的性能增益。这篇论文还介绍了一种避免盲点并在生成上增加全局和局部条件的机制，这超出了本书的范围，因为对于 WaveNet 模型而言这不是必需的。

6.2.2　WaveNet

DeepMind 在另一篇针对其自回归生成网络的迭代论文 [2] 中介绍了 WaveNet，其中包括 PixelCNN。 实际上，WaveNet 架构建立在 PixelCNN 的基础上， 与 PixelRNN 相比，它使网络能够以相对更快的方式生成输出。基于 WaveNet，我们在本书中首次介绍了针对音频信号的神经网络实现。我们对音频信号使用一维卷积，这与 PixelCNN 的二维卷积不同，对于初学者而言，这会有一些学习成本。

WaveNet 取代了对音频信号使用傅里叶变换的传统方法。它通过令神经网络找出要执行的转换来实现。因此，转换可以反向传播，原始音频数据可以通过一些技术来处理，例如膨胀卷积、8 位量化等。但是人们一直在研究将 WaveNet 方法与传统方法相结合的方式，尽管该方式将损失函数转换为多元回归的损失函数而不是 WaveNet 所使用的分类。

PyTorch 通过反向过程来暴露此类传统方法的 API。下面是对傅里叶变换的结果进行快速傅里叶变换和傅里叶逆变换以获取实际输入的示例。两种操作都在二维张量上进行，最后一个维度为 2，代表复数的实部和虚部。

PyTorch 提供了一个 API，用于快速傅里叶变换（torch.fft）、快速傅里叶逆变换（torch.ifft）、实数到复数傅里叶变换（torch.rfft）、实数到复数傅里叶逆变换（torch.irfft）、短时傅里叶变换（torch.stft）和几个窗函数（例如 Hann 窗、Hamming 窗和 Bartlett 窗）。

```
>>> x = torch.ones(3,2)
>>> x

 1 1
 1 1
 1 1
[torch.FloatTensor of size (3,2)]
```

```
>>> torch.fft(x, 1)

 3 3
 0 0
 0 0
[torch.FloatTensor of size (3,2)]

>>> fft_x = torch.fft(x, 1)
>>> torch.ifft(fft_x, 1)

 1 1
 1 1
 1 1
[torch.FloatTensor of size (3,2)]
```

WaveNet 并不是第一个引入序列数据卷积网络或膨胀卷积网络以加快操作速度的网络架构。但是 WaveNet 成功地将两者结合使用从而达到了可区分音频的最佳效果。WaveNet 的作者还开发了并行 WaveNet,它在很大程度上加速了生成的过程。但是在本章中,我们将重点关注普通的 WaveNet,它受到了 golbin 存储库的启发。

WaveNet 的基本构建模块是膨胀卷积,它取代了 RNN 获取上下文信息的功能。

图 6.8 展示了 WaveNet 在进行预测时如何提取有关上下文的信息。图片的底部是输入,这是原始音频样本。例如,一个 16kHz 的音频样本在一秒内有 16 000 个数据点,如果与自然语言的序列长度(每个单词将是一个数据点)相比,那么这个数量是巨大的。这些长序列是 RNN 处理原始音频样本不太有效的一个很大的原因。

LSTM 网络可以记住实际序列长度为 50 ～ 100 的上下文信息。图 6.8 中具有三个隐藏层,这些隐藏层使用上一层的信息。第一层输入通过一维卷积层以生成第二层的数据。卷积可以并行完成,这与 RNN 的场景不同。在 RNN 中,每个数据点都需要前一个输入依次传入。为了收集更多上下文,我们可以增加层数。在图 6.8 中,位于第五层的输出将从输入层的五个节点获取上下文信息。因此,每一层将增加一个输入节点到上下文中。也就是说,如果我们有 10 个隐藏层,则最后一层将从 12 个输入节点获取上下文信息。

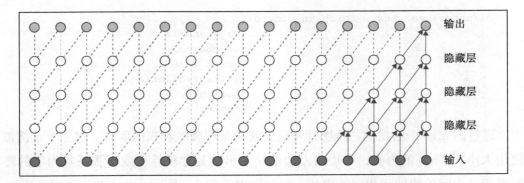

图 6.8   没有膨胀卷积的 WaveNet 架构

图片来源：*WaveNet: A Generative Model for Raw Audio*，Aaron van den Oord 等人。

到目前为止，很明显，要实现 LSTM 网络上下文容纳能力为 50~100 的实际限制，网络需要有 98 层，这在计算上是很昂贵的。这就是我们使用膨胀卷积的地方。为使用膨胀卷积，我们将为每一层设定一个膨胀因子，以指数形式增加该因子将以对数形式减少任何特定上下文窗口宽度所需的层数。

图 6.9 展示了 WaveNet 中使用的膨胀卷积方案（尽管为了更好地理解膨胀卷积，我们在这里使用的是二维图片，但 WaveNet 使用一维卷积）。尽管该实现忽略了中间参数的记录，但最终的节点仍通过这种巧妙的方案从上下文中的所有节点获取信息。基于膨胀卷积和 3 个隐藏层，先前的实现覆盖了 16 个输入节点，而没有膨胀卷积的实现仅覆盖了 5 个输入节点。

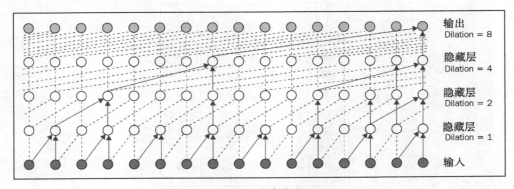

图 6.9   膨胀卷积

图片来源：*Multi-scale Context Aggregation By Dilated Convolutions*，Fisher Yu 和 Vladlen Koltun。

```
dilatedcausalconv = torch.nn.Conv1d(
                               res_channels,
                               res_channels,
                               kernel_size=2,
                               dilation=dilation,
                               padding=0,
                               bias=False)
```

通过图 6.10 中给出的二维图片可以直观地了解膨胀卷积的实现。这三个示例都使用大小为 3×3 的内核，其中最左边的块显示的是常规卷积或膨胀系数为零的膨胀卷积。中间的块使用相同的内核，但膨胀因子为 2。最后一个块的膨胀因子为 4。膨胀卷积的实现技巧是在内核之间添加零以扩展内核的大小，如图 6.11 所示。

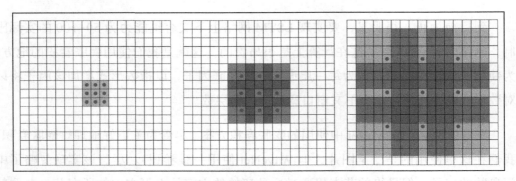

图 6.10　带有膨胀为 0、2 和 4 的卷积

图片来源：*Multi-scale Context Aggregation By Dilated Convolutions*，Fisher Yu 和 Vladlen Koltun。

1	0	1	0	1
0	0	0	0	0
1	0	1	0	1
0	0	0	0	0
1	0	1	0	1

图 6.11　带有内核扩展的膨胀卷积

PyTorch 通过以膨胀因子作为入参来轻松实现膨胀卷积，如前面代码块中的 dilatedcausalconv1d 节点中所给出的。如前所述，每一层有不同的膨胀因子，并且可以传递膨胀因子用于为每一层创建膨胀卷积节点。由于步长为 1，所以填充为 0，且其目的不是升采样或降采样。init_weights_for_test 是一个便捷的测试方法，通过对权重矩阵填充 1 来实现。

PyTorch 的灵活性可以让用户在线调整参数，这对于网络调试更加有用。

前向过程仅调用 PyTorch Conv1d 对象，该对象是可调用的，并保存在 self.conv 变量中。

```
causalconv = torch.nn.Conv1d(
                          in_channels,
                          res_channels,
                          kernel_size=2,
                          padding=1,
                          bias=False)
```

WaveNet 的完整架构建立在膨胀卷积网络和卷积后的门控激活的基础之上。WaveNet 中的数据流从因果卷积运算（一种常规的一维卷积）开始，然后传递到膨胀卷积节点。图 6.9 中的每个白色圆圈都是一个膨胀卷积节点。然后，将常规卷积的数据点传递给膨胀卷积节点，然后将其分别通过 sigmoid 门和 tanh 激活函数。接下来，两个运算的输出结果经过一个逐点乘法运算和一个 1×1 的卷积。WaveNet 使用残差连接和跳跃连接对数据流进行平滑。与主流程并行的残差线程通过加法运算与 1×1 卷积的输出进行合并。

图 6.12 中给出的 WaveNet 架构图展示了所有的组件以及它们是如何连接在一起的。跳跃连接之后的部分在程序中称为密集层，尽管它不是上一章介绍的密集层。

通常，密集层表示全连接层，以将非线性引入网络并获得所有数据的概览。但是，WaveNet 的作者发现，常规的密集层可以替换为 ReLU 链，并且 1×1 卷积与最后的 softmax 层结合能实现更高的精度，该层可以展开为 256 个单元（8 位 μ 律量化音频频率的展开）。

```
class WaveNet(torch.nn.Module):
    def __init__(self, layer_size, stack_size, in_channels, res_
channels):
        super().__init__()
        self.rf_size = sum([2 ** i for i in range(layer_size)] *
stack_size)
        self.causalconv = torch.nn.Conv1d(
            in_channels, res_channels, kernel_size=2, padding=1,
bias=False)
        self.res_stack = ResidualStack(
            layer_size, stack_size, res_channels, in_channels)
        self.final_conv = FinalConv(in_channels)

    def forward(self, x):
        x = x.transpose(1, 2)
        sample_size = x.size(2)
        out_size = sample_size - self.rf_size
        if out_size < 1:
            print('Sample size has to be more than receptive field size')
        else:
            x = self.causalconv(x)[:, :, :-1]
            skip_connections = self.res_stack(x, out_size)
            x = torch.sum(skip_connections, dim=0)
            x = self.final_conv(x)
            return x.transpose(1, 2).contiguous()
```

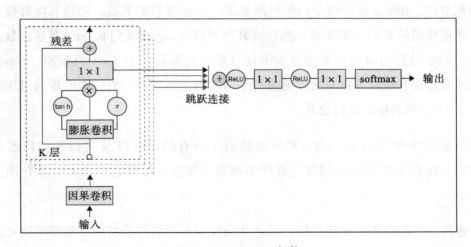

图 6.12　WaveNet 架构

图片来源：*WaveNet: A Generative Model for Raw Audio*, Aaron van den Oord 等人。

前面的代码块中给出的程序是主要的父 WaveNet 模块，该模块使用所有子组件来创建图。init 定义了三个主要组件：常规卷积组件；res_stack 组件，它是由所有膨胀卷积和 sigmoid-tanh 门组成的残差模块；final_conv 组件，该组件构建在 1×1 卷积之上。forward 通过引入一个求和节点依次执行这些模块。然后，由 final_conv 创建的输出通过 contiguous() 移至独立的内存块。这是网络的剩余部分所必需的。

需要更多说明的一个模块是 ResidualStack，它是 WaveNet 架构的核心。ResidualStack 是 ResidualBlock 的各层堆栈。WaveNet 图中的每个小圆圈都是一个残差块。在常规卷积之后，数据将进入 ResidualBlock，如前所述。

ResidualBlock 从膨胀卷积开始，并且期望得到膨胀因子。因此，ResidualBlock 决定架构中每个小圆圈节点的膨胀因子。如前所述，膨胀卷积的输出将通过类似于我们在 PixelCNN 中看到的门。

之后，它必须经历两个单独的卷积以进行跳跃连接和残差连接。尽管其作者没有将其解释为两个单独的卷积，但是使用两个单独的卷积更容易理解。

```
class ResidualBlock(torch.nn.Module):
    def __init__(self, res_channels, skip_channels, dilation=1):
        super().__init__()
        self.dilatedcausalconv = torch.nn.Conv1d(
            res_channels, res_channels, kernel_size=2,
dilation=dilation,
            padding=0, bias=False)
        self.conv_res = torch.nn.Conv1d(res_channels, res_channels, 1)
        self.conv_skip = torch.nn.Conv1d(res_channels, skip_channels, 1)
        self.gate_tanh = torch.nn.Tanh()
        self.gate_sigmoid = torch.nn.Sigmoid()

    def forward(self, x, skip_size):
        x = self.dilatedcausalconv(x)

        # PixelCNN Gate
        # ---------------------------
        gated_tanh = self.gate_tanh(x)
        gated_sigmoid = self.gate_sigmoid(x)
        gated = gated_tanh * gated_sigmoid
        # ---------------------------
```

```
x = self.conv_res(gated)
x += x[:, :, -x.size(2):]
skip = self.conv_skip(gated)[:, :, -skip_size:]
return x, skip
```

ResidualStack 使用层数和堆栈数来创建膨胀因子。通常，每层有 2^l 作为膨胀因子，其中 l 是层数。每个堆栈有相同数量的层和从 1 到 2^l 的相同模式的膨胀因子列表。

stack_res_block 方法使用我们在前面介绍的 ResidualBlock 为每个堆栈和每个层中的每个节点创建一个残差块。如果可以使用多个 GPU，则可以引入 nn.DataParellel（一种新的 PyTorch API）来实现并行计算。

让模型成为数据并行模型可以使 PyTorch 知道用户使用更多 GPU，而这不会给用户带来更多障碍。PyTorch 将数据划分为尽可能让多个 GPU 进行处理的方式，并在每个 GPU 中并行执行模型。

它还负责从每个 GPU 搜集结果，并将其合并在一起，然后再继续推进。

```
class ResidualStack(torch.nn.Module):
    def __init__(self, layer_size, stack_size, res_channels,
    skip_channels):
        super().__init__()
        self.res_blocks = torch.nn.ModuleList()
        for s in range(stack_size):
            for l in range(layer_size):
                dilation = 2 ** l
                block = ResidualBlock(res_channels, skip_channels,
                    dilation)
                self.res_blocks.append(block)

    def forward(self, x, skip_size):
        skip_connections = []
        for res_block in self.res_blocks:
            x, skip = res_block(x, skip_size)
            skip_connections.append(skip)
        return torch.stack(skip_connections)
```

6.3 GAN

在许多深度学习研究人员看来，GAN 是过去十多年神经网络领域的主要发明之一。GAN 与其他生成网络有本质的不同，特别是在训练方式上。Ian Goodfellow 撰写的第一篇有关对抗网络生成数据的论文于 2014 年发表。GAN 被认为是一种无监督学习算法，而监督学习算法学习使用标记数据 y 来推理函数 $y'= f(x)$。

这种类型的监督学习算法本质上是判别，这意味着它学习对条件概率分布函数进行建模，条件分布函数表示在给定一个事件的情况下另一事件的发生概率。

例如，如果购买房屋的价格为 100 000 美元，那么房屋所处位置的概率是多少？ GAN 从随机分布生成输出，因此随着随机输入的变化，输出也会不同。

GAN 从随机分布中获取样本，然后由网络将样本转换为输出。GAN 在学习输入分布模式时不受监督，并且与其他生成网络不同，GAN 不会试图学习密度分布。相反，它使用博弈论方法来找到两个参与者之间的纳什均衡。GAN 的实现始终包含一个生成网络和一个对抗网络，其被看成两个试图击败对方的参与者。GAN 的核心思想在于，从以正态分布或高斯分布等的数据进行采样，然后让网络将采样数据转换为类似真实数据分布的样本。我们将实现一个简单的 GAN，以介绍 GAN 的工作原理，然后学习称为 CycleGAN 的高级 GAN 实现。

6.3.1 简单 GAN

理解 GAN 的直观方法是从博弈论的角度来理解它。简而言之，GAN 由两个参与者组成，即一个生成器和一个判别器，它们都试图击败对方。生成器从分布中获取一些随机噪声，并试图从中生成一些类似于输出的分布。生成器总是试图创建与真实分布没有区别的分布。也就是说，伪造的输出看起来应该是真实的图像。GAN 的架构如图 6.13 所示。

然而，如果没有显式训练或标注，那么生成器将无法判别真实的图像，并且其唯一的来源就是随机浮点数的张量。之后，GAN 将在博弈中引入另一个参与者，即判别器。判别器仅负责通知生成器其生成的输出看起来不像真实图像，以便生成器更改其生成图像的方式以使判别器确信它是真实图像。

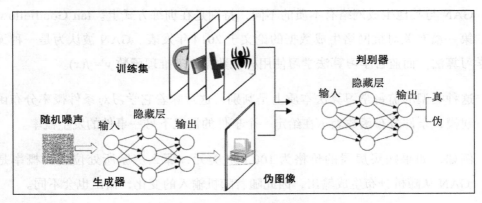

图 6.13　GAN 架构

但是判别器总是可以告诉生成器其生成的图像不是真实的，因为判别器知道图像是从生成器生成的。这就是事情变得有趣的地方。GAN 将真实的图像引入博弈中，并将判别器与生成器隔离。现在，判别器从一组真实图像中获取一个图像，并从生成器中获取一个伪图像，而它必须找出每个图像的来源。最初，判别器什么都不知道，而是随机预测结果。

但是，可以将判别器的任务修改为分类任务。判别器可以将输入图像分类为**原始图像**或**生成图像**，这是二元分类。同样，我们训练判别器网络以正确地对图像进行分类，最终，通过反向传播，判别器学会了区分真实图像和生成图像。

```
class DiscriminatorNet(torch.nn.Module):
    """
    A three hidden-layer discriminative neural network
    """
    def __init__(self):
        super().__init__()
        n_features = 784
        n_out = 1

        self.hidden0 = nn.Sequential(
            nn.Linear(n_features, 1024),
```

```
                nn.LeakyReLU(0.2),
                nn.Dropout(0.3)
        )
        self.hidden1 = nn.Sequential(
                nn.Linear(1024, 512),
                nn.LeakyReLU(0.2),
                nn.Dropout(0.3)
        )
        self.hidden2 = nn.Sequential(
                nn.Linear(512, 256),
                nn.LeakyReLU(0.2),
                nn.Dropout(0.3)
        )
        self.out = nn.Sequential(
                torch.nn.Linear(256, n_out),
                torch.nn.Sigmoid()
        )

    def forward(self, x):
        x = self.hidden0(x)
        x = self.hidden1(x)
        x = self.hidden2(x)
        x = self.out(x)
        return x
```

　　本节使用的示例将生成类似于 MNIST 的输出。前面的代码展示了在 MNIST 数据集上的判别器，判别器总是从真实源数据集或生成器中获取图像。众所周知，GAN 是不稳定的，因此，研究人员发现使用激活函数 LeakyReLU 比常规 ReLU 更好。现在，LeakyReLU 泄露通过它的负极，而不是将所有零以下的数置为零。与常规 ReLU 相比，这有助于更好地使梯度流过网络，因为 ReLU 将小于零的值的梯度设为零，如图 6.14 所示。

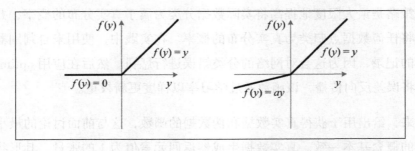

图 6.14　ReLU 和 LeakyReLU

我们开发的简单判别器有三个序列层。每个层都有一个线性层、激活函数 LeakyReLU 和一个 dropout 层的组合，之后是一个线性层和一个 sigmoid 门。通常，概率预测网络使用 softmax 层作为最后一层；像这样的简单 GAN 使用 sigmoid 层效果较好。

```
def train_discriminator(optimizer, real_data, fake_data):
    optimizer.zero_grad()

    # 1.1 Train on Real Data
    prediction_real = discriminator(real_data)
    # Calculate error and backpropagate
    error_real = loss(prediction_real,
                real_data_target(real_data.size(0)))
    error_real.backward()
    # 1.2 Train on Fake Data
    prediction_fake = discriminator(fake_data)
    # Calculate error and backpropagate
    error_fake = loss(prediction_fake,
                fake_data_target(real_data.size(0)))
    error_fake.backward()

    # 1.3 Update weights with gradients
    optimizer.step()

    # Return error
    return error_real + error_fake, prediction_real,
    prediction_fake
```

前面代码块中定义的函数 train_generator 的入参为 optimizer 对象、伪数据和真实数据，然后其将被传递给判别器。函数 fake_data_target（在下面的代码块中给出）将创建一个零张量，其维度与预测维度相同，其中，预测是判别器的返回值。判别器的训练策略是最大限度地提高将实际数据分类为属于真实分布的概率，并最大限度地减少将任何数据点归类为真实分布的概率。在实践中，使用来自判别器或生成器的结果的记录，因为这会对网络的分类错误进行惩罚。然后在应用 optimizer.step 函数之前将误差反向传播，该函数通过学习率以梯度更新权重。

接下来，给出用于获得真实数据和伪数据的函数，这与前面讨论的最小化或最大化概率的概念基本一致。真实数据生成器返回元素值为 1 的张量，其形状与输入相符。在训练生成器时，我们试图通过生成看起来是从真实数据分布中获取的图像来使概率最大化。这意味着判别器应将 1 作为预测图像来自真实分布时的置信度分数。

```
def real_data_target(size):
    '''
    Tensor containing ones, with shape = size
    '''
    data = torch.ones(size, 1)
    if torch.cuda.is_available(): return data.cuda()
    return data

def fake_data_target(size):
    '''
    Tensor containing zeros, with shape = size
    '''
    data = torch.zeros(size, 1)
    if torch.cuda.is_available(): return data.cuda()
    return data
```

因此，判别器很容易实现，因为它本质上是分类任务。生成器网络将涉及所有卷积升采样 / 降采样，因此有点复杂。但是对于当前示例，由于我们希望它尽可能简单，所以将使用全连接网络而不是卷积网络进行工作。

```
def noise(size):
    n = torch.randn(size, 100)
    if torch.cuda.is_available(): return n.cuda()
    return n
```

可以定义一个噪声生成函数，该函数可以生成随机样本（事实证明，这种采样在高斯分布而不是随机分布的情况下是有效的，但为简单起见，此处使用随机分布）。如果 CUDA 可用，则我们将随机产生的噪声从 CPU 内存传输到 GPU 内存，并返回输出大小为 100 的张量。因此，生成网络期望输入噪声的特征数量为 100，而 MNIST 数据集包含 784 个数据点（28×28）。

生成器的结构与判别器类似，但其最后一层是 tanh 层，而不是 sigmoid 层。进行此更改是为了与对 MNIST 数据进行的归一化同步，以将其值转换到 -1 ～ 1 中，以便判别器始终获取数据点处于相同值域的数据集。生成器（共三层）的每一层都将输入噪声进行升采样，输出大小为 784，就像我们在判别器中对其进行降采样用于分类一样。

```python
class GeneratorNet(torch.nn.Module):
    """
    A three hidden-layer generative neural network
    """
    def __init__(self):
        super().__init__()
        n_features = 100
        n_out = 784

        self.hidden0 = nn.Sequential(
            nn.Linear(n_features, 256),
            nn.LeakyReLU(0.2)
        )
        self.hidden1 = nn.Sequential(
            nn.Linear(256, 512),
            nn.LeakyReLU(0.2)
        )
        self.hidden2 = nn.Sequential(
            nn.Linear(512, 1024),
            nn.LeakyReLU(0.2)
        )

        self.out = nn.Sequential(
            nn.Linear(1024, n_out),
            nn.Tanh()
        )

    def forward(self, x):
        x = self.hidden0(x)
        x = self.hidden1(x)
        x = self.hidden2(x)
        x = self.out(x)
        return x
```

生成器训练函数比判别器训练函数简单得多，因为前者不需要从两个来源获取输入，也不必针对不同的目的进行训练，而判别器则必须最大化将真实图像分类为真实图像的概率，并最小化将噪声图像分类为真实图像的概率。生成器训练的函数入参为伪图像数据和优化器，其中伪图像是生成器生成的图像。生成器训练函数的代码可以在 GitHub 存储库中找到。

我们分别创建判别器网络和生成器网络的实例。到目前为止，所有的网络实现都只有一个模型或一个神经网络，但是，这是第一次有两个单独的网络在同一个数据集上工作，并具有不同的优化目标。对于两个单独的网络，还需要创建两个单独的优化器。从历史上看，低学习率的 Adam 优化器最适合 GAN。

两个网络都使用判别器的输出进行训练。唯一的区别是：在训练判别器时，我们试图使伪造图像被分类为真实图像的概率最小；而在训练生成器时，我们试图使伪造图像被分类为真实图像的可能性最大。由于这始终是试图预测 0 或 1 的二元分类器，所以我们使用 torch.nn 的 BCELoss 来进行预测。

```
discriminator = DiscriminatorNet()
generator = GeneratorNet()
d_optimizer = optim.Adam(discriminator.parameters(), lr=0.0002)
g_optimizer = optim.Adam(generator.parameters(), lr=0.0002)
loss = nn.BCELoss()
```

图 6.15、图 6.16 和图 6.17 分别是简单 GAN 在不同阶段生成的输出，它们展示了网络如何学会将输入随机分布映射到输出真实分布。

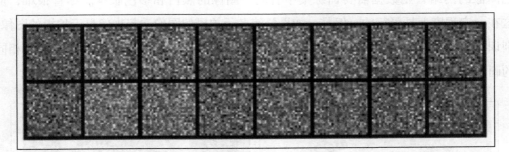

图 6.15　100 次迭代后的输出

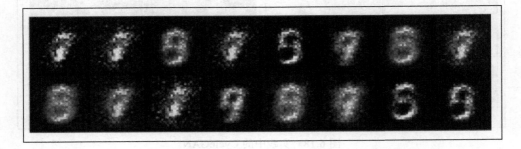

图 6.16　200 次迭代后的输出

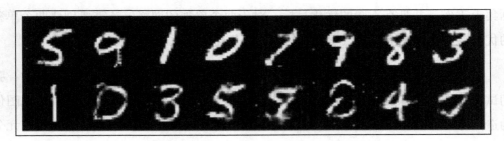

图 6.17 300 次迭代后的输出

6.3.2 CycleGAN

CycleGAN 是 GAN 的智能变体之一。在同一架构中，两个 GAN 之间巧妙设计的循环流可学习两个不同分布之间的映射。先前的方法需要来自不同分布的成对图像，以使网络学习映射。例如，如果学习目标是建立一个可以将黑白图像转换为彩色图像的网络，则数据需要训练集中有同一图像的黑白和彩色版本。尽管很难，但这在一定程度上是可行的。但是，如果要使冬天拍摄的图像看起来像夏天拍摄的图像，则训练集中的这对图像必须是在冬天和夏天拍摄的，且图像必须有相同的对象和相同的画面。这是完全不可能的，而这正是 CycleGAN 可以提供帮助的地方（图 6.18）。

图 6.18 实践中的 CycleGAN

图片来源：*Unpaired Image-to-Image Translationusing Cycle-Consistent Adversarial Networks*, Jun-Yan Zhu 等人。

CycleGAN 学习每种分布的模式，并试图将图像从一种分布映射到另一种分布。图 6.19 给出了 CycleGAN 的简单架构。上面的图展示了如何训练一个 GAN，下面的图展示了如何在工作中使用 CycleGAN 的典型示例（马和斑马）来训练另一个 GAN。

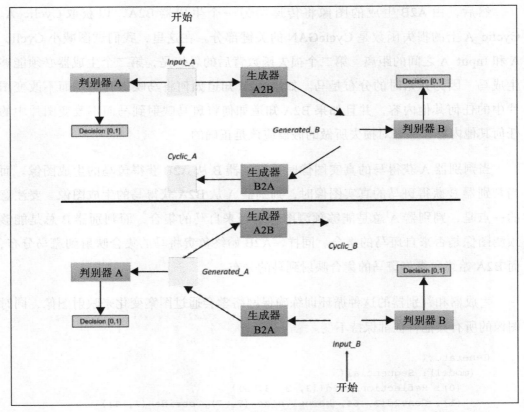

图 6.19　CycleGAN 架构

在 CycleGAN 中，我们不是从分布中的随机采样数据开始，而是使用来自集合 A（在本例中为一组马）的真实图像。我们让生成器 A 到 B（称为 A2B）将同一匹马转换为斑马，但没有将马转换为斑马的成对图像。在训练开始时，A2B 会生成无意义的图像。

判别器 B 获得 A2B 生成的图像或集合 B（斑马的集合）中的真实图像。与其他判别器一样，它负责预测图像是生成的图像还是真实的图像。这个过程是标准的 GAN，它绝不能保证将同一匹马转换为斑马，而是将马的图像转换为任何斑马的图像，因为损失函数只是为了确保图像看起来像集合 B 的分布；它不需要与集合 A 相关。为了强加这种相关性，CycleGAN 引入了循环。

然后，由 A2B 生成的图像将传递给另一个生成器 B2A，以获取 Cyclic_A。Cyclic_A 上的损失函数是 CycleGAN 的关键部分。在这里，我们试图减小 Cyclic_A 和 Input_A 之间的距离。第二个损失函数背后的思想是，第二个生成器必须能够生成马，因为开始时的分布是马。如果 A2B 知道如何将马映射到斑马而不改变图片中的任何其他内容，并且如果 B2A 知道如何将斑马映射到马而不改变图片中的任何其他内容，那么对损失所做的假设应该是正确的。

当判别器 A 获得马的真实图像时，判别器 B 从 A2B 获得斑马的生成图像。而当判别器 B 获得斑马的真实图像时，判别器 A 从 B2A 获得马的生成图像。要注意的一点是，判别器 A 总是能够预测图像是否来自马的集合，而判别器 B 总是能够预测图像是否来自斑马的集合。同样，A2B 始终负责将马的集合映射到斑马分布，而 B2A 始终负责将斑马的集合映射到马的分布。

生成器和判别器的这种循环训练确保网络学会通过图案变化来映射图像，同时图像的所有其他特征都保持不变。

```
Generator(
  (model): Sequential(
    (0): ReflectionPad2d((3, 3, 3, 3))
    (1): Conv2d(3, 64, kernel_size=(7, 7), stride=(1, 1))
    (2): InstanceNorm2d(64, eps=1e-05, momentum=0.1, affine=False,
    track_running_stats=False)
    (3): ReLU(inplace)
    (4): Conv2d(64, 128, kernel_size=(3, 3), stride=(2, 2),
    padding=(1, 1))
    (5): InstanceNorm2d(128, eps=1e-05, momentum=0.1,
    affine=False, track_running_stats=False)
    (6): ReLU(inplace)
    (7): Conv2d(128, 256, kernel_size=(3, 3), stride=(2, 2),
    padding=(1, 1))
    (8): InstanceNorm2d(256, eps=1e-05, momentum=0.1,
    affine=False, track_running_stats=False)
```

```
     (9): ReLU(inplace)
    (10): ResidualBlock()
    (11): ResidualBlock()
    (12): ResidualBlock()
    (13): ResidualBlock()
    (14): ResidualBlock()
    (15): ResidualBlock()
    (16): ResidualBlock()
    (17): ResidualBlock()
    (18): ResidualBlock()
    (19): ConvTranspose2d(256, 128, kernel_size=(3, 3), stride=(2,
          2), padding=(1, 1), output_padding=(1, 1))
    (20): InstanceNorm2d(128, eps=1e-05, momentum=0.1,
          affine=False, track_running_stats=False)
    (21): ReLU(inplace)
    (22): ConvTranspose2d(128, 64, kernel_size=(3, 3), stride=(2,
          2), padding=(1, 1), output_padding=(1, 1))
    (23): InstanceNorm2d(64, eps=1e-05, momentum=0.1,
          affine=False, track_running_stats=False)
    (24): ReLU(inplace)
    (25): ReflectionPad2d((3, 3, 3, 3))
    (26): Conv2d(64, 3, kernel_size=(7, 7), stride=(1, 1))
    (27): Tanh()
  )
)
```

PyTorch 让用户可以自由进入网络并进行各种操作，包括将模型打印到终端，以显示包含所有模块的排序结构图。

之前我们在 CycleGAN 中看到了生成器的图。与我们介绍的第一个简单 GAN 不同，A2B 和 B2A 都具有相同的内部结构，并且都有卷积。整个生成器都封装在以 ReflectionPad2D 为开始的单个序列模块中。

反射填充涉及填充输入的边界以及忽略批次的维度和通道的维度。填充之后是典型的卷积模块，即二维卷积。

实例归一化将分别对每个输出批次进行归一化，而不是像批次归一化中那样对整个集合进行归一化。二维实例归一化在四维输入上进行实例归一化，且将批次维度和通道维度作为第一维和第二维。PyTorch 通过传递 affine = True 允许实例归一化层可训练。参数 track_running_stats 决定在循环训练时是否存储运行平均值和方差，以用于实例归一化的评估模式。默认情况下，它设置为 False；也就是说，它在训练模式和评估模式下都使用从输入中收集的统计信息。

图 6.20 给出了批次归一化和实例归一化的直观比较。其中，数据表示为三维张量，其中 C 是通道，N 是批次，D 是其他维（为简单起见表示为一维）。如图所示，批次归一化对整个批次中的数据进行归一化，而实例归一化则在两个维度上对一个数据实例进行归一化，从而使批次之间的方差保持不变。

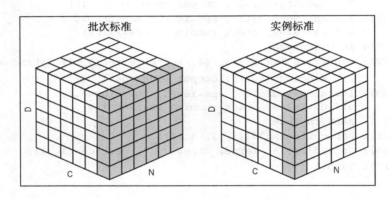

图 6.20 批次归一化和实例归一化的直观比较

图片来源：*Group Normalization*, Yuxin Wu 和 Kaiming He。

原始 CycleGAN 的生成器在 3 个卷积块之后用 9 个残差块，其中每个卷积块由卷积层、归一化层和激活层组成。残差块之后是几个转置卷积，然后是最终的卷积层，其激活函数为 tanh。如简单 GAN 中所述，tanh 输出的范围是 –1 ～ 1，这是所有图像的归一化值域范围。

残差块的内部包含按顺序排列的另一组填充、卷积、归一化和激活单元。但是，forward 方法与 residueNet 方法一样，会基于求和运算在残差网络中建立残差连接。在下面的示例中，所有内部模块的序列封装都保存到变量 conv_block 中。然后，将通过此块的数据与网络的输入 x 一起进行求和运算。这种残差连接通过让信息更容易双向流动来使网络变得稳定。

```
class ResidualBlock(nn.Module):
    def __init__(self, in_features):
        super().__init__()

        self.conv_block = nn.Sequential(
                    nn.ReflectionPad2d(1),
                    nn.Conv2d(in_features,
                            in_features, 3),
                    nn.InstanceNorm2d(in_features),
                    nn.ReLU(inplace=True),
                    nn.ReflectionPad2d(1),
                    nn.Conv2d(in_features,
                            in_features, 3),
                    nn.InstanceNorm2d(in_features))
    def forward(self, x):
        return x + self.conv_block(x)
```

6.4 总结

在本章中，我们介绍了一系列全新的神经网络，这些神经网络使人工智能世界
发生了翻天覆地的变化。生成网络对于我们来说很重要，且已达到人类无法比拟的
准确性。尽管有一些成功的生成网络架构，但在本章中我们仅讨论了两个受欢迎的
网络。

生成网络使用 CNN 或 RNN 之类的基本结构作为整个网络的构建模块，同时使
用一些良好的技术来确保网络正在学习生成一些输出。到目前为止，生成网络已在
艺术领域得到广泛应用，并且由于模型必须学习数据分布以生成输出，所以我们可
以轻松地预测，生成网络将成为许多复杂网络的基础。生成网络最有希望的用途可
能不是生成，而是通过生成来学习数据分布并将该信息用于其他目的。

在下一章中，我们将介绍最受关注的神经网络：强化学习算法。

参考资料

1. *Conditional Image Generation with PixelCNN Decoders*, Oord, Aäron van den,
    Nal Kalchbrenner, Oriol Vinyals, Lasse Espeholt, Alex Graves and Koray
    Kavukcuoglu, NIPS, 2016, `https://arxiv.org/pdf/1606.05328.pdf`

2. *Parallel WaveNet: Fast High-Fidelity Speech Synthesis*, Oord, Aäron van den, Yazhe Li, Igor Babuschkin, Karen Simonyan, Oriol Vinyals, Koray Kavukcuoglu, George van den Driessche, Edward Lockhart, Luis C. Cobo, Florian Stimberg, Norman Casagrande, Dominik Grewe, Seb Noury, Sander Dieleman, Erich Elsen, Nal Kalchbrenner, Heiga Zen, Alex Graves, Helen King, Tom Walters, Dan Belov and Demis Hassabis, ICML, 2018, `https://DeepMind.com/documents/131/Distilling_WaveNet.pdf`

3. golbin's WaveNet repository, `https://github.com/golbin/WaveNet`

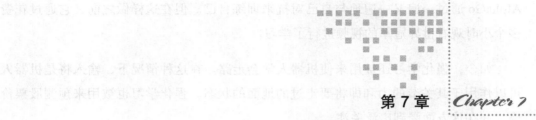

强化学习

让我们谈谈学习的本质。我们不是生下来就知道这个世界的任何事。通过与世界互动，我们知道了我们的行为产生的影响。一旦我们了解了世界的运作方式，我们就可以利用这些知识，做出可以令我们达到特定目标的决策。

在本章中，我们将使用称为强化学习的方法来阐述这种通过计算来学习的方法。它与本书中介绍的其他类型的深度学习算法非常不同，并且其本身就是一个广阔的领域。

强化学习的应用范围包括在数字环境中玩游戏以及在现实环境中控制机器人的动作等。它也恰好是你用来训练狗和其他动物的技术。如今，强化学习已被用于自动驾驶汽车，这是一个非常受欢迎的领域。

一项重大突破是计算机（AlphaGo）击败了世界围棋冠军李世石[1]，因为在很长一段时间内，围棋一直被认为是计算机能掌握的游戏中的"圣杯"。这是因为据说围棋游戏中的状态数量大于宇宙中的原子数量。

在输给 AlphaGo 之后，世界冠军甚至说从计算机中学到了一些东西。这听起来很疯狂，但这是真的。更疯狂的是，算法的输入只不过是棋盘当前状态的图像，

AlphaGo 通过一遍又一遍地与自己对抗来训练自己。但在这样做之前，它通过花费多个小时观看世界冠军的视频进行了学习。

如今，强化学习还被用来使机器人学会走路。在这种情况下，输入将是机器人可以作用于其关节的力和即将要走过的地面的状态。强化学习也被用来预测股票价格，并在这方面受到广泛关注。

这些现实世界的问题可能看起来非常复杂。我们需要用数学方法对所有这些问题进行建模，以便计算机能够解决这些问题。为此，我们需要简化环境和决策过程，以实现具体目标。

在整个强化学习范式中，我们只关心如何从交互中学习，学习者或决策者被认为是一个智能体。在自动驾驶汽车的情况下，智能体是汽车；而在打乒乓球的情况下，智能体将是乒乓球拍。当智能体在最初被带入世界时，它对这个世界一无所知。智能体必须观察周围的环境并根据环境做出决策或采取行动。它从环境中得到的响应称为奖励，奖励既可以是正的，也可以是负的。最初，智能体将随机采取行动，直到它获得正回报，这将告诉它这些决策可能有利于它。

这似乎很简单，因为智能体所要做的就是根据环境的当前状态做出决策，但我们希望它做得更多。一般来说，智能体的目标是在其生命周期内最大化其累积的回报，并侧重于"累积"。智能体不仅关心下一步获得的奖励，还关心它将来可能获得的奖励。这需要远见，并会使智能体学习得更好。

这使问题更加复杂，因为我们必须平衡两个因素：探索和开发。探索意味着随机决策并进行测试，而开发意味着做出智能体已经知道将给予其积极结果的决策，因此智能体现在需要找到能够通过平衡这两个因素来获得最大累积结果的方法。这是强化学习中一个非常重要的概念。这个概念催生了各种算法用来平衡这两个因素，它是一个广泛的研究领域。

在本章中，我们将使用 OpenAI 中名为 Gym 的库。它是一个开源库，为强化学习算法的训练和测试设定了标准。Gym 提供了许多环境，研究人员一直在使用它们来训练强化学习算法。它包括大量 Atari 游戏、机器人模拟拿起东西，各种机器人模拟走和跑，以及模拟驾驶。Gym 库提供了智能体的参数以及供其交互的环境。

7.1 问题定义

接下来我们用数学方法阐述强化学习问题。

图 7.1 展示了强化学习问题的设置。一般来说，如前所述，强化学习问题的特点是智能体尝试学习其周围环境。

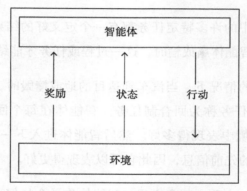

图 7.1 强化学习架构

假设时间以离散时间步长进行，在时间步长为 0 处，智能体会查看周围环境。可以把这一观察视为环境向智能体展现的情况。它也被称为观察环境的状态。然后，智能体必须为该特定状态选择合适的行动。接下来，为了响应智能体做出的行动，环境会向智能体展现一种新情况。在同一时间步长中，环境会给智能体一个奖励，从而指示智能体是否做出了合适的响应。然后，该过程继续。环境给智能体一个状态和奖励，反过来，智能体会采取行动。如图 7.2 所示。

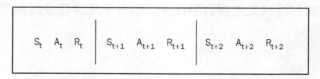

图 7.2 每个时间步长都有一个状态、行动和奖励

所以，现在状态、行动和奖励的顺序随时间一直进行，在这个过程中，对于智能体来说，最重要的就是它得到的奖励。因此，智能体的目标是最大化累积奖励。换句话说，智能体需要制定一个策略，以帮助它采取行动来最大化累积的奖励。这只能通过与环境交互来实现。这是因为环境决定了对于每个行动给智能体多少奖励。为了在数学上阐述这一问题，我们需要指定状态、行动和奖励，以及环境规则。

7.2　回合制任务与连续任务

我们在现实世界中的许多特定任务都有一个定义好的结束点。例如，如果智能体正在玩游戏，则当智能体赢或输时，这一过程或任务才能结束。

在自动驾驶汽车的情况下，当汽车到达目的地或撞毁时，任务结束。这些具有明确定义的结束点的任务称为回合制任务。智能体在每个回合结束时都会得到奖励，这告诉了它在环境中表现得多好。然后智能体进入下一回合，它将从头开始，但具有来自上一回合的先前信息，因此它可以表现得更好。

随着时间的流逝，在几个回合之后，智能体将学会如何玩游戏或驾驶汽车到特定目的地，这样就训练完成了。如前所述，智能体的目标是在回合结束时最大化累积奖励。

但是，有些任务可能会永远继续下去。例如，在股票市场上交易股票的机器人没有被定义明确的结束点，因此它必须在每一个时刻学习和改进自己。这种任务称为持续任务。因此，在这种情况下，奖励将以特定时间间隔提供给智能体，但任务不会结束，因此智能体必须从环境中学习并同时进行预测。

在本章中，我们将只关注回合制任务，但对于连续任务的问题阐述并不会有很大不同。

7.3 累积折扣奖励

对于一个智能体来说，要最大化累积奖励，一个可以考虑的方法就是在每个时间步中都最大化奖励。这样做可能会产生负面影响，因为在初始时间步中最大化奖励可能会导致智能体在将来很快失败。以步行机器人为例：假设机器人的速度是奖励的一个因素，如果机器人在每个时间步内都最大化速度，则可能会破坏它的稳定，使其更快地摔倒。

我们在训练机器人走路，因此，我们可以得出结论：智能体不能只关注当前的时间步来最大化奖励，它需要考虑所有时间步。所有强化学习问题都是如此。智能体做出的行动可能具有短期或长期影响，它需要理解行动的复杂性以及来自环境的影响。

在前面的情况下，如果智能体会了解到它不能比某个限制速度移动得更快，因为这个极限可能会破坏它的稳定，并且会导致摔倒这一长期影响，它就会自己学习阈值速度。因此，智能体将在每个时间步获得较低的奖励，但将避免在将来摔倒，这最大限度提高了累积奖励。

假设未来时间步的奖励用 R_t、R_{t+1}、R_{t+2} 等表示，则

$$\text{Goal} = \text{maximize } \underbrace{(R_{t+1} + R_{t+2} + R_{t+3} + \cdots)}_{\text{回报}}$$

由于这些时间步在未来，所以智能体不知道未来的奖励是什么。它只能估计或预测奖励。未来奖励的总和也称为回报。我们可以更明确地规定，智能体的目标是最大化预期回报。

我们还要考虑，未来回报中的所有奖励都不是同等重要的。为了说明这一点，假设你想训练一只狗。你向它发出命令，如果它正确地遵循了命令，你就给它食物作为奖励。你能指望这只狗能用同样的方式衡量它明天可能得到的奖励来和它几年后可能得到的奖励吗？这似乎不可行。

狗要决定现在需要采取什么行动，它需要更加重视它可能更快获得的奖励，并且减少对几年后可能获得的奖励的重视。这是合乎逻辑的，因为狗不确定未来会怎样，特别是当狗仍在学习周围环境，并根据环境改变其策略以从环境中获得最大的回报时。未来几个时间步的奖励比未来数千个时间步的奖励更可预测，因此，折扣回报的概念就出现了。

$$\text{Goal} = \text{maximize} \ (R_{t+1} + \gamma R_{t+2} + \gamma^2 R_{t+3} + \gamma^3 R_{t+4} + \cdots)$$
$$\text{其中} \ \gamma \in (0, 1)$$

可以看到，我们已经在目标方程中引入了一个变量 γ。接近 1 的 γ 表示对未来每项奖励同等看重。接近 0 的 γ 表示只有最近的奖励的权重非常高。

一个好的做法是让 $\gamma = 0.9$，因为你希望智能体能够足够远地展望未来，但是不是无限远。可以在训练时设置 γ，它会一直固定，直到实验结束。请务必注意，折扣对于连续任务非常有用，因为这些任务没有尽头。但是，连续任务不在本章的讨论范围之内。

7.4 马尔可夫决策过程

让我们通过学习一个称为**马尔可夫决策过程**（MDP）的数学框架来完成强化学习问题的定义。MDP 的定义包含五项内容。

- ❑ 一组有限的状态
- ❑ 一组有限的行动
- ❑ 一组有限的奖励
- ❑ 折扣率
- ❑ 环境的一步动态

我们已经了解了如何指定状态、行动、奖励和折扣率。接下来我们介绍如何指定环境的一步动态。

图 7.3 描述了垃圾收集机器人的 MDP。机器人的目标是回收易拉罐。机器人将

搜索易拉罐并一直收集它们，直到电池耗尽，然后回到坞站为电池充电。机器人的状态可以定义为高和低，表示其电池电量。机器人可以采取的一系列行动包括搜索垃圾桶、在自己的位置等待和返回坞站为电池充电。

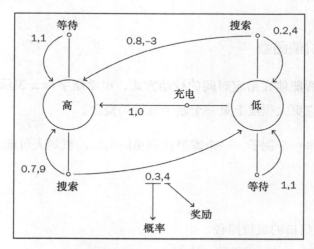

图 7.3　垃圾回收机器人的 MDP

　　例如，假设机器人处于高电量状态。如果它决定搜索垃圾桶，则有 70% 的概率其电量状态保持为高，而有 30% 的概率其电量状态会变低，且每个行动将获得的奖励是 4。

　　类似地，如果它处于高电量状态但决定在其当前位置等待，则继续处于高电量状态的概率为 100%，但它获得的奖励也很低。

　　花些时间模拟所有行动和状态，来更好地了解它们。通过详细罗列智能体可以处于的所有状态以及在所有状态下可以执行的所有行动和每个行动的概率，我们可以明确环境。在明确所有环境后，环境的一步动态就确定了。

　　在任何 MDP 中，智能体都会知道状态、行动和折扣率，但是它不知道奖励和环境的一步动态。

　　现在，你已经了解了定义将采用强化学习解决的任何现实世界问题的所有相关信息。

7.5 解决方法

既然已经学习了如何使用 MDP 明确问题，就需要制定方法来解决它。这种方法也可以称为策略。

7.5.1 策略和价值函数

策略定义了智能体在给定时间的行动方式，由希腊字母 π 表示。策略不能用公式定义，因此，它更大程度上是一个基于直觉的概念。

接下来我们举一个例子。一个需要找到房间出口的机器人可能具有以下策略：

❑ 随机走
❑ 沿着墙壁走
❑ 找到通往门口的最短路径

为了用数学方法预测在特定状态下要执行的行动，我们需要定义一个函数。该函数输入当前状态并输出一个数字，该数字表示该状态的价值。例如，如果要过河，则桥附近的位置比距离桥远的状态更有价值。该函数称为价值函数，由 V 表示。

我们也可以使用另一个函数来帮助我们进行衡量，该函数可以根据我们可以采取的所有行动，为我们提供所有相应未来状态的价值。

举一个例子：让我们考虑一个通用状态 S_0，如图 7.4 所示。现在，我们需要预测在 a_1、a_2 和 a_3 之间要执行的行动，以获得最大回报（累计折扣奖励）。我们命名此函数为 Q。函数 Q 将预测每个行动的预期回报（价值（V））。此函数也称为行动 - 价值函数，因为它会考虑状态和行动，并预测每个状态和行动的组合的预期回报。

我们会在大部分时间中选择最大值。因此，这些最大值将引导智能体直到最后，这就是我们的策略。注意，我说的是大部分时间。我们通常保留一个小的随机可能性，在这种情况下我们不选择最大的行动 - 价值对。我们这样做是为了提高模型的可探索性。这种随机探索的百分比称为 ε，此策略称为 ε- 贪婪策略。这是人们用来解决强化学习问题的最常见策略。如果我们一直只选择最大值而不进行任何探索，则该策略称为贪婪策略。我们将在实现中使用这两个策略。

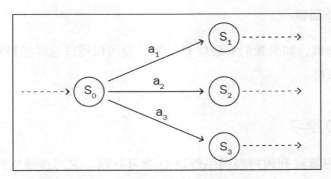

图 7.4　MDP 中的状态和行动

但最初，我们可能不知道最佳行动 – 价值函数。因此，由此产生的策略也并非最佳策略。我们需要迭代行动 – 价值函数，并找到可以产生最佳奖励的函数。我们一旦找到它，就将得到最佳 Q。最佳 Q 也称为 Q^*。因此，我们将能够找到最佳 π，它也称为 π^*。

Q 函数是智能体必须学习的函数。我们将使用神经网络来学习这个函数，因为神经网络也是通用函数近似器。一旦我们有了行动 – 价值函数，智能体就可以学习解决问题的最佳策略，于是我们将完成目标。

7.5.2　贝尔曼方程

如果我们使用前面定义的 Q 函数重新定义目标方程，则其可以写成

$$Q^{\pi}_{(s,a)} = r_{t+1} + \gamma r_{t+2} + \gamma^2 r_{t+3} + \cdots$$

现在，让我们递归地定义相同的公式。贝尔曼方程为

$$Q^{\pi}_{(s,a)} = r + \gamma Q^{\pi}_{(s',\pi(s'))}$$

简而言之，贝尔曼方程指出，每个时间点的回报等于下一个时间步的估计奖励加上之后状态的折扣奖励。可以肯定地说，某些策略的任何价值函数都遵循贝尔曼方程。

寻找最佳 Q 函数

我们现在知道，如果我们有最佳 Q 函数，就可以通过选择能得到最高回报的行为来找出最佳策略。

7.5.3 深度 Q 学习

深度 Q 学习算法利用神经网络解决 Q 学习问题。它对连续空间的强化学习问题非常有效，即不会结束的任务。

前面我们讨论了价值函数（V）和行为 – 价值函数（Q）。由于神经网络是通用函数近似器，所以我们可以假设其中的任何一个都是可训练权重的神经网络。

因此，价值函数将以状态和网络的权重为输入，输出当前状态的价值。我们需要计算某种误差并将其回传到网络，然后使用梯度下降法训练网络。我们需要将网络（价值函数）的输出与我们认为最优的值进行比较。

根据贝尔曼方程，我们可以将下一个状态的值考虑进来以计算预期的 Q，并且可以将到目前为止的累积奖励考虑进来以计算当前的 Q。**均方误差**（MSE）可能是我们衡量这些 Q 函数之间的差异的损失函数。研究人员的一个建议改进是，当误差较大时，使用平均绝对误差而不是均方误差。这使得当 Q 函数的估计值有较多噪声时，其对异常值更加鲁棒。这种类型的损失称为 Huber 损失。

$$
\underset{(损失)}{误差} = \underset{\substack{\downarrow \\ 目标 \\ 使用贪婪策略}}{R + \gamma\max(Q)} - \underset{\substack{\downarrow \\ 当前 Q \\ 使用 \varepsilon\text{-} 贪婪策略}}{实际 Q}
$$

我们的代码训练过程如下所示。

❑ 随机初始化 w（1）

❑ $\pi \leftarrow \varepsilon$- 贪婪策略（2）

❑ 对所有的回合（3）

　　◯ 观察 S（4）

　　◯ 当 S 不是时间步的结束状态时（5）

　　　• 使用 π 和 Q 函数来从 S 中选择 A（6）

　　　• 观察 R 和 S'（7）

　　　• 更新 Q（8）

　　　• $S \leftarrow S'$（9）

　　这里需要注意的一点是，我们将使用相同的 ε- 贪婪策略来选择步骤 6 中的行动，并在步骤 8 中更新同一个策略。这种算法称为在线策略算法。这一点很好，因为当我们观察和更新同一策略时，策略会学得更快。该算法收敛得非常快。它也有一些缺点，即所学的策略和用于做决定的策略是紧密相连的。如果我们想在步骤 6 中用一个更具探索性的策略来选择观测值，并在步骤 8 中更新更优的策略，那该怎么办？这种算法称为离线策略算法。

　　Q 学习是一种离线策略算法，因此，在 Q 学习中，我们将有两个策略。我们用来推测行动的策略是一个 ε- 贪婪策略和一个称为策略网络的神经网络。我们要更新的网络是我们的目标网络。这仅受贪婪策略的控制，这意味着我们始终用等于 0 的 ε 选择最大值。我们不会为此策略采取随机操作。我们这样做是为了朝着更高的价值前进得更快。我们会每隔一段时间复制策略网络的权重来更新目标网络的权重，例如每隔一个回合进行一次。

　　这背后的理念是不要追逐移动目标。我们举一个例子：想象一下你想训练一头驴走路。如果你坐在驴子上，把胡萝卜吊在它的嘴前，则驴可能会向前走，而胡萝卜距离驴一直一样远。然而，与普遍的看法相反，这并不好。因为胡萝卜可能会随意地摆动，并可能使驴从路径偏移。相反，不坐在驴上，而是站在一个你想让驴走过来的地方，以此把驴和胡萝卜分开，似乎是一个更好的选择。这将使学习环境更加稳定。

7.5.4　经验回放

可以对算法进行的另一个改进是新增一个用于保存之前经验（状态）和已保存事务的有限存储器。每个事务都包含学习某些内容所需的所有相关信息。它是一个由状态、行动、下一个状态以及对该行动的奖励组成的元组。

```
Transition = namedtuple('Transition',
                        ('state', 'action', 'next_state', 'reward'))
```

我们将随机抽样一些经验或事务，在优化模型时从它们中进行学习。

```
class ReplayMemory(object):
    def __init__(self, capacity):
        self.capacity = capacity
        self.memory = []
        self.position = 0

    def push(self, *args):
        if len(self.memory) < self.capacity:
            self.memory.append(None)
            self.memory[self.position] = Transition(*args)
            self.position = (self.position + 1) % self.capacity

    def sample(self, batch_size):
        return random.sample(self.memory, batch_size)

    def __len__(self):
        return len(self.memory)

memory = ReplayMemory(10000)
```

在这里，我们为事务定义了一个存储器。有一个称为 push 的函数用于将事务放到存储器中，还有另一个函数用于从存储器中进行随机采样。

7.5.5　Gym

我们使用 OpenAI 的 Gym 库从环境 env 中获取参数。环境变量有很多，如智能体的速度和位置。我们将训练一个可以自我平衡的车杆，如图 7.5 所示。

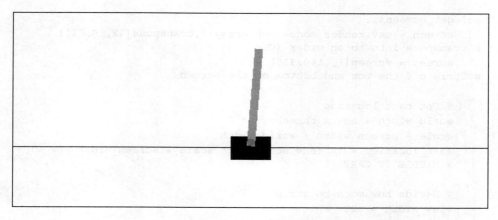

图 7.5   车杆平衡环境

　　环境中的每个观测或状态在车杆环境中都有四个值。图 7.6 展示了车杆环境（env）的 Gym 库代码。每个观测都有车杆顶端的位置、速度、极角度和极速度。你可以执行的行动是向左或向右移动。

```
class CartPoleEnv(gym.Env):
    """
    Description:
        A pole is attached by an un-actuated joint to a cart, which moves along a frictionless track. The pendulum star

    Source:
        This environment corresponds to the version of the cart-pole problem described by Barto, Sutton, and Anderson

    Observation:
        Type: Box(4)
        Num    Observation               Min         Max
        0      Cart Position             -4.8        4.8
        1      Cart Velocity             -Inf        Inf
        2      Pole Angle                -24°        24°
        3      Pole Velocity At Tip      -Inf        Inf

    Actions:
        Type: Discrete(2)
        Num    Action
        0      Push cart to the left
        1      Push cart to the right
```

图 7.6   Gym 库的环境变量

```
env = gym.make('CartPole-v0').unwrapped
device = torch.device("cuda" if torch.cuda.is_available() else
"cpu")

screen_width = 600
```

```
def get_screen():
    screen = env.render(mode='rgb_array').transpose((2, 0, 1))
# transpose into torch order (CHW)
    screen = screen[:, 160:320]
# Strip off the top and bottom of the screen

    # Get cart location
    world_width = env.x_threshold * 2
    scale = screen_width / world_width
    cart_location = int(env.state[0] * scale + screen_width / 2.0)
    # MIDDLE OF CART

    # Decide how much to strip
    view_width = 320
    if cart_location < view_width // 2:
        slice_range = slice(view_width)
    elif cart_location > (screen_width - view_width // 2):
        slice_range = slice(-view_width, None)
    else:
        slice_range = slice(cart_location - view_width // 2,
                            cart_location + view_width // 2)

    # Strip off the edges, so that we have a square image centered
on a cart
    screen = screen[:, :, slice_range]

    screen = np.ascontiguousarray(screen, dtype=np.float32) / 255
    screen = torch.from_numpy(screen)
    resize = T.Compose([T.ToPILImage(),
                        T.Resize(40, interpolation=Image.CUBIC),
                        T.ToTensor()])

    return resize(screen).unsqueeze(0).to(device)
# Resize, and add a batch dimension (BCHW)
```

在这里，我们定义了一个 get_screen 函数。它对车杆环境进行渲染并返回一个屏幕截图（三维的像素数组）。我们想剪切出一个车杆在中间的正方形图像。我们从 env.state[0] 获取车杆的位置（根据文档，第一个参数是车杆位置）。然后，我们去掉图像的顶部、底部、左侧和右侧，获得车杆在中间的图像。接下来，我们把它转换为张量，进行一些转换，添加另一个维度，并返回图像。

```
class DQN(nn.Module):
    def __init__(self):
```

```
        super(DQN, self).__init__()
        self.conv1 = nn.Conv2d(3, 16, kernel_size=5, stride=2)
        self.bn1 = nn.BatchNorm2d(16)
        self.conv2 = nn.Conv2d(16, 32, kernel_size=5, stride=2)
        self.bn2 = nn.BatchNorm2d(32)
        self.conv3 = nn.Conv2d(32, 32, kernel_size=5, stride=2)
        self.bn3 = nn.BatchNorm2d(32)
        self.head = nn.Linear(448, 2)

    def forward(self, x):
        x = F.relu(self.bn1(self.conv1(x)))
        x = F.relu(self.bn2(self.conv2(x)))
        x = F.relu(self.bn3(self.conv3(x)))
        return self.head(x.view(x.size(0), -1))


policy_net = DQN().to(device)
target_net = DQN().to(device)
target_net.load_state_dict(policy_net.state_dict())
target_net.eval()
```

接下来定义我们的网络。网络输入当前状态，对其进行一些卷积，将其输入线性层，并输出当前状态的值和表示其处于该状态的程度的值。

我们定义了两个网络，policy_net 和 target_net。我们将 policy_net 的权重复制到 target_net，使它们表示相同的网络。我们令 target_net 一直处于评估模式，以便在反向传播时不更新网络权重。我们在每一步都更新 policy_net，但只会偶尔更新 target_net。

```
EPS_START = 0.9
EPS_END = 0.05
EPS_DECAY = 200
steps_done = 0


def select_action(state):
    global steps_done
    eps_threshold = EPS_END + (EPS_START - EPS_END) * \
        math.exp(-1. * steps_done / EPS_DECAY)
    steps_done += 1
    sample = random.random()
    if sample > eps_threshold:
```

```
# freeze the network and get predictions
with torch.no_grad():
    return policy_net(state).max(1)[1].view(1, 1)

else:

    # select random action
    return torch.tensor([[random.randrange(2)]],
device=device, dtype=torch.long)
```

接下来，我们定义一种方法，用于使用 ε- 贪婪策略来采取行动。在相当一部分时间中，我们从策略网络进行推断，但也有 eps_threshold 的可能，这意味着我们会随机选择行动。

```
num_episodes = 20
TARGET_UPDATE = 5

for i_episode in range(num_episodes):
    env.reset()
    last_screen = get_screen()
    current_screen = get_screen()
    state = current_screen - last_screen

    for t in count():  # for each timestep in an episode
        # Select action for the given state and get rewards
        action = select_action(state)
        _, reward, done, _ = env.step(action.item())
        reward = torch.tensor([reward], device=device)

        # Observe new state
        last_screen = current_screen
        current_screen = get_screen()
        if not done:
            next_state = current_screen - last_screen
        else:
            next_state = None

        # Store the transition in memory
        memory.push(state, action, next_state, reward)

        # Move to the next state
        state = next_state

        # Perform one step of the optimization (on the target
network)
```

```
        optimize_model()
        if done:
            break

    # Update the target network every TARGET_UPDATE episodes
    if i_episode % TARGET_UPDATE == 0:
        target_net.load_state_dict(policy_net.state_dict())

env.close()
```

接下来观察我们的训练过程。对于每个回合，我们都重置环境。我们从环境中获得两个截屏，将当前状态定义为两个截屏之间的差异。然后，对于回合中的每个时间步，我们使用 select_action 函数来选择一个行动。我们要求环境采取这一行动，并返回奖励和 done 标志（它告诉我们回合是否结束，也就是车杆是否倒下）。我们观察出现的新状态。然后，我们将刚刚经历的事务推送到存储器中，并移动到下一个状态。下一步是优化模型。我们稍后会讨论这个函数。

我们每 5 个回合用 policy_net 的权重来更新 target_net。

```
BATCH_SIZE = 64
GAMMA = 0.999
optimizer = optim.RMSprop(policy_net.parameters())


def optimize_model():

    # Dont optimize till atleast BATCH_SIZE memories are filled
    if len(memory) < BATCH_SIZE:
        return

    transitions = memory.sample(BATCH_SIZE)
    batch = Transition(*zip(*transitions))

    # Get the actual Q
    state_batch = torch.cat(batch.state)
    action_batch = torch.cat(batch.action)
    state_values = policy_net(state_batch)
    # Values of States for all actions
    # Values of states for the selected action
    state_action_values = state_values.gather(1, action_batch)
```

```
    # Get the expected Q
    # # Mask to identify if next state is final
    non_final_mask = torch.tensor(tuple(map
                                    (lambda s: s is not None,
                                    batch.next_state)),
                                    device=device,
                                    dtype=torch.uint8)
    non_final_next_states = torch.cat([s for s in batch.next_state
if s is not None])
    next_state_values = torch.zeros(BATCH_SIZE, device=device)
    # init to zeros
    # predict next non final state values from target_net using
next states
    next_state_values[non_final_mask] =
target_net(non_final_next_states).max(1)[0].detach()
    reward_batch = torch.cat(batch.reward)
    # calculate the predicted values of states for actions
    expected_state_action_values = (next_state_values * GAMMA) +
reward_batch

    # Compute Huber loss
    loss = F.smooth_l1_loss(state_action_values,
expected_state_action_values.unsqueeze(1))

    # Optimize the model
    optimizer.zero_grad()
    loss.backward()
    for param in policy_net.parameters():
        param.grad.data.clamp_(-1, 1)
    optimizer.step()
```

接下来是主要的部分：优化步骤。我们用 RMSProp 获得损失和反向传播。我们在存储器中对先前的经验进行采样。然后，我们将所有状态、行动和奖励转换成批次。我们经过 policy_net 传递状态并获取相应的值。

```
tensor([[2.0429, 1.4886],
        [1.2952, 1.2798],
        [1.1960, 1.1665],
        [1.3114, 1.1780],
        [1.2970, 1.2814],
        [1.4016, 1.4096],
        [1.5460, 1.2322],
        [2.1189, 1.5717],
        [1.4563, 1.1823],
        [1.2912, 1.2759],
        [2.0797, 1.6504],
        [1.2814, 1.2050],
        [1.3184, 1.3216],
        [1.3782, 1.3824],
        [1.4194, 1.4275],
        [1.4445, 1.1700],
```

然后我们收集与行动对应的值

```
tensor([[0.9818],
        [0.8832],
        [1.2682],
        [0.9230],
        [0.9572],
        [0.8275],
        [1.0659],
        [1.1392],
        [1.2381],
        [1.1048],
        [0.9397],
        [0.8558],
        [1.0015],
        [1.0669],
        [1.0863],
        [1.1538],
        [1.0786],
        [0.9248],
        [0.9540],
        [0.9916]
```

现在，我们得到了状态–行为对，以及与其关联的值。这和实际的 Q 函数相对应。

接下来，我们需要找到预期的 Q 函数。我们创建一个由 0 和 1 组成的掩码，将非 0 状态映射为 1，将 0 状态（结束状态）映射为 0。通过算法的设计，我们让结束状态的值始终为 0。所有其他状态都有一个正值，但结束状态为 0。掩码如下所示。

```
tensor([1, 1, 1, 1, 1, 1, 1, 1, 1, 0, 1, 1, 1, 1, 1, 1, 1, 1, 1, 1, 1, 1, 1,
        1, 1, 1, 1, 1, 1, 1, 1, 1, 0, 1, 1, 1, 1, 1, 1, 1, 1, 1, 1, 1, 1, 1, 1,
        1, 1, 1, 1, 1, 1, 1, 1, 1, 1, 1, 1, 1, 1, 1, 1], dtype=torch.uint8)
```

在该批次状态中，位于 0 的状态（1）是结束状态。所有其他状态都是非结束状态。我们将所有不是结束状态的下一个状态拼接为 non_final_next_states。之后，我们将 next_state_values 初始化为全零。然后，通过 target_network 传递 non_final_next_states，获取能得到最大值的行动的值，并将它放到 next_state_values[non_final_mask] 中。我们把根据非最终状态预测的所有值放入非最终 next_state_values 数组中。next_state_values 数组如下所示。

```
tensor([[-0.0286, -0.0289, -0.0286, -0.0287, -0.0287, -0.0287, -0.0281, -0.0285,
         -0.0285, -0.0285, -0.0285, -0.0284, -0.0285, -0.0281, -0.0288, -0.0280,
         -0.0281, -0.0286, -0.0283, -0.0285, -0.0281, -0.0289, -0.0282, -0.0285,
         -0.0286, -0.0281, -0.0288, -0.0284, -0.0284, -0.0281, -0.0282, -0.0280,
         -0.0282, -0.0291, -0.0285, -0.0282, -0.0287, -0.0288, -0.0287, -0.0286,
          0.0000, -0.0284, -0.0285, -0.0283, -0.0289, -0.0282, -0.0286, -0.0285,
         -0.0283, -0.0286, -0.0285, -0.0284, -0.0288, -0.0287, -0.0283, -0.0280,
```

最后，我们计算预期的 Q 函数。根据我们之前的讨论，它是 $R + \gamma$（下一个状态值）。然后，我们计算来自实际 Q 函数和预期 Q 函数的损失，并将误差反向传播到策略网络（请记住 target_net 处于评估模式）。我们还使用梯度截断，以确保梯度很小且不会偏离太远。

训练神经网络需要一些时间，因为训练过程会渲染每一帧并计算其误差。我们本可以采用一种更简单的方法，即直接采用速度和位置来设计损失函数，这样训练的时间就更少了，因为它不会渲染每一帧，而只会直接从 env.state 获取输入。

该算法有许多改进方法，比如向智能体添加想象力，使它可以更好地探索和想象其"头脑"中的行动，并做出更好的预测。

7.6 总结

在本章中，我们介绍了一个全新的无监督学习领域：强化学习。这是一个完全不同的领域。我们介绍了如何阐述强化学习问题，然后训练了一个模型，该模型可以"看"到环境提供的一些测量值，并可以学习如何平衡车杆。你可以应用同样的知识来教机器人走路、驾驶汽车和玩游戏。这是深度学习更实际的应用之一。

在下一章，我们将介绍如何将 PyTorch 模型产品化，以便可以在任何框架或语言上运行它，并扩展深度学习应用程序。

参考资料

1. Google DeepMind Challenge Match: Lee Sedol versus AlphaGo, https://www.youtube.com/watch?v=vFr3K2DORc8

本章由 Sudhanshu Passi 提供。

将 PyTorch 应用到生产

2017 年，当 PyTorch 的可用版本发布时，它承诺这是一个 Python 优先的、为研究人员服务的框架。PyTorch 社群对此严格执行了一年，但随后它发现了大量的生产需求，并决定在不影响可用性和灵活性的前提下，将生产能力与 PyTorch 的第一个稳定版本（1.0）进行融合。

PyTorch 以简洁的框架而闻名，因此实现生产能力和研究所需的灵活性是一项具有挑战性的任务。本书认为，PyTorch 支持生产的主要障碍是要走出 Python 领域，将 PyTorch 模型迁移到具有多线程读取功能的更快的、线程安全的语言中。但是，这违反了 PyTorch 承诺的 Python 优先原则。

解决此问题的第一步是使**开放神经网络交换**（ONNX）格式稳定且与所有流行的框架兼容（至少与具有良好服务模块的框架兼容）。ONNX 定义了深度学习图所需的基本运算符和标准数据类型。这使 ONNX 可以进入 PyTorch 的核心，并且它与 ONNX 转换器一起专为 CNTK、MXNet、TensorFlow 等流行的深度学习框架而构建。

ONNX 很棒，但它的主要缺点之一是其脚本模式。也就是说，ONNX 运行一次图来获取有关图的信息，然后将其转换为 ONNX 格式。因此，ONNX 无法迁移模型中的控制流（对循环神经网络模型的不同序列长度使用 for 循环）。

将 PyTorch 应用到生产的第二种方法是在 PyTorch 中构建高性能后端。Caffe2 的核心不是从零开始构建，而是与 PyTorch 核心合并，且 Python API 保持不变。但是，这并没有解决 Python 语言的问题。

接下来是 TorchScript，它将本机 Python 模型转换为序列化格式，该格式可以加载到高性能空间，就像在 C++ 线程中一样。TorchScript 可以被 PyTorch 的后端 LibTorch 读取，这使得 PyTorch 很高效。有了它，开发人员就可以对模型进行原型设计，也许还可以在 Python 中训练它。在训练后，模型可以被转换为**中间表征**（IR）。现在，只开发了 C++ 后端，因此可以将中间表征加载为 C++ 对象，然后可以从 PyTorch 的 C++ API 中读取该对象。TorchScript 甚至可以转换 Python 程序中的控制流，这使得它在生产支持方面优于 ONNX 方法。TorchScript 是 Python 语言中可进行的操作的子集，因此不允许在 TorchScript 中写入 Python 操作。官方文档提供了非常详细的解释，讨论了哪些操作是可用的，以及许多例子 [1]。

在本章中，我们将首先使用 Flask（一个流行的 Python Web 框架）为标准的 Python PyTorch 模型提供服务。此类设置已经足够了，尤其是针对个人需求、示例 Web 应用或某些类似用例。然后，我们将介绍 ONNX 并将 PyTorch 模型转换为 MXNet，然后使用 MXNet 模型服务器提供服务。然后，我们使用 PyTorch 的新成员 TorchScript。我们将使用 TorchScript 来制作 C++ 可执行文件，然后在 LibTorch 的帮助下执行它。然后，可以从稳定、高性能的 C++ 服务器，甚至从使用 cgo 的 Go 服务器上获得高效的 C++ 可执行文件。对于所有的服务，我们使用在第 2 章中构建的 FizBuz 网络。

8.1 使用 Flask 提供服务

在 Python 中为 PyTorch 模型提供服务是在生产中为模型提供服务的最简单方法。但是，在解释如何做到这一点之前，让我们快速了解一下什么是 Flask。解释 Flask 完全超出了本章的范围，但我们仍然会介绍 Flask 的最基本概念。

Flask 介绍

Flask 是一种微框架，已被 Python 领域的几家大型公司用于生产。尽管 Flask 提供了一个模板引擎，可用于将 UI 推送到客户端，但我们并不这样做，而是创建一个为 API 服务的 RESTful 后端。

可以使用 pip 来安装 Flask，就像安装任何其他 Python 包一样：

```
pip install Flask
```

这将安装 Werkzeug（应用程序和服务器之间的 Python 接口）、Jinga（作为模板引擎）、itsdangerous（用于安全签名数据）和 Click（作为 CLI 生成器）。

在安装后，用户将有权访问 CLI，并且通过 flask run 调用我们的脚本来启动服务器。

```
from flask import Flask
app = Flask(__name__)

@app.route("/")
def hello():
    return "Hello World!"
```

该示例包含四部分：

❑ 第一行导入 Flask 包。

❑ 生成一个 Flask 对象，这是我们的大型 Web 应用程序对象，Flask 服务器将使用它来运行我们的服务。

❑ 在有了应用程序对象之后，我们需要存储关于对象应该对哪个 URL 执行操作的信息。为此，应用程序对象附带一个 route 方法，该方法接受所需的 URL 并返回修饰器。这是我们希望应用程序服务的 URL。

❑ 应用程序对象返回的修饰器装饰函数，当命中 URL 时，将触发此函数。我们将这个函数命名为 hello。函数的名称在这里并不重要。在前面的示例中，它只是检查输入并相应地做出响应。但对于模型服务器，我们使此函数稍微复杂一些，它可以接受输入，并将输入送至我们构建的模型。然后，模型的返回值将作为 HTTP 响应推回用户。

我们首先创建 flask_trial 目录，并将此文件保存为该目录中 app.py。

```
mkdir flask_trial
cd flask_trial
```

然后，我们执行 Flask 附带的 CLI 命令，启动服务器。在执行后，如果你没有提供自定义参数，则服务器将从 http://127.0.0.1:5000 提供服务。

```
flask run
```

我们可以通过向服务器位置发出 HTTP 请求来测试简单的 Flask 应用程序。如果一切正常，则应该从服务器收到 "Hello,World!"。

```
-> curl "http://127.0.0.1:5000"
-> Hello World!
```

我们已经建立了简单的 Flask 应用程序。现在，让我们将 FizBuz 模型引入我们的应用程序。下面的代码片段展示了第 2 章中的相同模型。此模型将从路由函数调用。我们已经在第 2 章中训练了该模型，因此我们将在此处加载训练好的模型，而不是再次训练它。

```python
import torch.nn as nn
import torch


class FizBuzNet(nn.Module):
    """
    2 layer network for predicting fiz or buz
    param: input_size -> int
    param: output_size -> int
    """

    def __init__(self, input_size, hidden_size, output_size):
        super(FizBuzNet, self).__init__()
        self.hidden = nn.Linear(input_size, hidden_size)
        self.out = nn.Linear(hidden_size, output_size)

    def forward(self, batch):
        hidden = self.hidden(batch)
        activated = torch.sigmoid(hidden)
        out = self.out(activated)
        return out
```

1. 用 Flask 部署模型

图 8.1 给出了应用程序的目录结构。assets 文件夹包含经过训练的模型，controller.py 文件会将其用来加载模型。根目录中的 app.py 是 Flask 应用程序的入口点。Flask 偏好将 app.py 作为入口点文件的默认名称。当你执行 flask run 时，Flask 查找当前目录中的 app.py 文件并执行该文件。在 controller.py 文件中，我们从 model.py 文件加载模型。加载的模型等待用户通过 HTTP 端点输入的参数。app.py 将用户输入重定向到 controller，然后将其转换为 Torch 张量。张量对象通过神经网络传递，controller 在其通过处理操作后从神经网络返回结果。

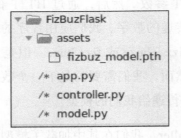

图 8.1　当前目录

我们的目录中有四个部分用于完成 Flask 应用程序。assets 文件夹是我们保存模型的位置。其他三个文件是代码所在的位置。其中，输入文件 app.py 是前面的简单 Flask 应用程序的扩展版本。该文件教我们如何定义 URL 端点以及如何将 URL 端点映射到 Python 函数。扩展 app.py 文件如下所示。

```
import json

from flask import Flask
from flask import request

import controller

app = Flask('FizBuzAPI')


@app.route('/predictions/fizbuz_package', methods=['POST'])
def predict():
    which = request.get_json().get('input.1')
```

```
        if not which:
            return "InvalidData"
        try:
            number = int(which) + 1
            prediction = controller.run(number)
            out = json.dumps({'NextNumber': prediction})
        except ValueError:
            out = json.dumps({'NextNumber': 'WooHooo!!!'})
        return out
```

Flask 为我们提供了通用工具 request，它是一个全局变量，但是对于存储当前请求信息的当前线程来说是局部变量。我们使用 request 对象的 get_json 函数从 request 对象获取正文 POST 参数。然后，通过 HTTP 的字符串数据将被转换为整数。此整数是我们从前端传递的数字。我们应用程序的任务是预测下一个数字的状态，即下一个数字本身、fizz、buzz 或 fizz buzz。但是，我们会训练我们的网络来预测传递的数字的状态。然而，我们需要的是下一个数字的状态。因此，我们将向当前数字加 1，然后将结果传递给我们的模型。

接下来我们导入 controller，我们在其中加载了模型文件。调用 run 方法并将数字传递给模型。然后，将 controller 的预测值作为字典传递回用户。Flask 会将其转换为响应正文并发送回用户。

在进行下一步之前，我们发现扩展版本与之前的简单 Flask 应用程序有两个主要差异。首先是 URL 路由：/predictions/fizbuz_package。正如我们之前所看到的，Flask 允许你将任何 URL 端点映射到你选择的函数。其次，我们在修饰器中使用了另一个关键字参数：methods。由此，我们告诉 Flask，此函数不仅需要通过 URL 调用，还需要调用该 URL 上的 POST 方法调用。然后，就像之前一样，我们通过 flask run 来运行应用程序，并使用 curl 命令来测试结果。

```
-> curl -X POST http://127.0.0.1:5000/predictions/fizbuz_package \
        -H "Content-Type: application/json" \
        -d '{"input.1": 14}'


-> {"NextNumber": "FizBuz"}
```

在 HTTP 的 POST 请求中，我们将输入数字为 14 的 JSON 对象，我们的服务器将下一个数字返回为 FizBuz。这些都发生在 app.py 调用的 controller.run() 方法中。现在，让我们看看该函数在做什么。

接下来是具有 run() 方法的 controller 文件。在这里，我们将输入数转换为 10 位二进制文件（请记住，这是我们在第 2 章中传递给 FizBuz 网络的输入），并使其成为一个 Torch 张量。然后，二进制张量被传递给模型的前向函数，以获取包含预测结果的 1×4 的张量。

我们的模型是通过调用模型文件中的 FizBuz 类生成的，其中模型文件通过保存的 .pth 文件加载。我们使用 Torch 的 load_state_dict 方法将参数加载到初始化的模型中。之后，我们将模型转换为 eval() 模式，该模式将模型设置为评估模式（它在评估模式下关闭 batchnorm dropout 层）。模型的输出是概率分布，我们对分布运行 max，找出哪个索引具有最大值，然后将该索引转换为可读输出。

2. 生产就绪的服务器

这是一个非常基本的演示，说明了如何使用 Flask 将 PyTorch 模型部署到服务器。但是，Flask 的内置服务器尚未做好生产准备，应仅用于开发目的。一旦开发完成，我们就应该使用一些其他服务器包将我们的 Flask 应用程序应用到生产中。Gunicorn 是 Python 开发人员最常用的服务器包之一，很容易将其与 Flask 应用程序绑定。可以使用 pip 安装 Gunicorn，就像安装 Flask 一样。

```
pip install gunicorn
```

Gunicorn 需要我们传递模块名称，以便它读取模块并运行服务器。但是，Gunicorn 希望应用程序对象具有名称 application，而我们的项目则不是这样。因此，我们需要显式传递应用程序对象名称以及模块名称。Gunicorn 的命令行工具有很多选项，但我们正在努力使其尽可能简单。

```
gunicorn app:app
```

```
import torch
from model import FizBuzNet

input_size = 10
output_size = 4
hidden_size = 100


def binary_encoder():
    def wrapper(num):
        ret = [int(i) for i in '{0:b}'.format(num)]
        return [0] * (input_size - len(ret)) + ret
    return wrapper
net = FizBuzNet(input_size, hidden_size, output_size)
net.load_state_dict(torch.load('assets/fizbuz_model.pth'))
net.eval()
encoder = binary_encoder()


def run(number):
    with torch.no_grad():
        binary = torch.Tensor([encoder(number)])
        out = net(binary)[0].max(0)[1].item()
    return get_readable_output(number, out)
```

8.2 ONNX

ONNX 协议旨在创建不同框架之间的互操作性。这有助于 AI 开发人员和组织机构选择正确的框架来开发 AI 模型，而他们的大部分时间都花费在此。一旦开发和训练阶段结束，他们就可以将模型迁移到他们选择的任何框架，在生产中为模型提供服务。

可以针对不同目的优化不同的框架，例如移动部署、可读性和灵活性、生产部署等。将模型转换为不同的框架有时是不可避免的，而手动转换非常耗时。这是 ONNX 试图用互操作性解决的另一个问题。

让我们以任一框架为例，看看 ONNX 是如何进行适配的。框架包含一个语言 API，开发人员用这个 API 开发模型的图表示。然后，此中间表征进入高度优化的运行阶段以供执行。ONNX 为此中间表征提供了统一的标准，并使所有框架都了解

ONNX 的中间表征。通过 ONNX，开发人员可以使用 API 来制作模型，然后将其转换为框架的中间表征。ONNX 转换器可以将该中间表征转换为 ONNX 的标准中间表征，然后转换为其他框架的中间表征，如图 8.2 所示。

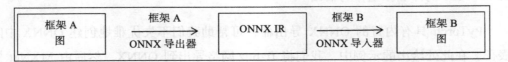

图 8.2　一个中间表征转换为 ONNX 的中间表征，然后转换为另一个中间表征

以下 FizBuz 网络的 PyTorch 中间表征的可读表示形式。

```
graph(%input.1 : Float(1, 10)
      %weight.1 : Float(100, 10)
      %bias.1 : Float(100)
      %weight : Float(4, 100)
      %bias : Float(4)) {
  %5 : Float(10!, 100!) = aten::t(%weight.1),
    scope: FizBuzNet/Linear[hidden]
  %6 : int = prim::Constant[value=1](),
    scope: FizBuzNet/Linear[hidden]
  %7 : int = prim::Constant[value=1](),
    scope: FizBuzNet/Linear[hidden]
  %hidden : Float(1, 100) = aten::addmm(%bias.1, %input.1, %5, %6,
          %7), scope: FizBuzNet/Linear [hidden]
  %input : Float(1, 100) = aten::sigmoid(%hidden),
          scope: FizBuzNet
  %10 : Float(100!, 4!) = aten::t(%weight),
          scope: FizBuzNet/Linear[out]
  %11 : int = prim::Constant[value=1](),
          scope: FizBuzNet/Linear[out]
  %12 : int = prim::Constant[value=1](),
          scope: FizBuzNet/Linear[out]
  %13 : Float(1, 4) = aten::addmm(%bias, %input, %10, %11, %12),
          scope: FizBuzNet/Linear[out]
  return (%13);
}
```

这种表示形式清楚地说明了整个网络的结构。前 5 行展示了参数和输入张量，并标记了每行的名称。例如，整个网络将我们的输入张量作为 input.i，这是一个浮点张量，形状为 1 × 10。它还展示了第一层和第二层的权重和偏置张量。

它从第 6 行开始展示图的结构。每行的第一部分（以 % 符号开头的冒号之前的字符）是每行的标识符，这是在其他行中用于引用这些行的标识符。例如，以 %5 为标识符的行对由 aten：t(%weight.i) 表示的第一层的权重进行转置，该层给出形状为 10 × 100 的浮点张量作为输出。

PyTorch 具有内置的 ONNX 导出器，可帮助我们不失优雅地创建 ONNX 中间表征。在此处给出的示例中，我们将 fizbuz 网络导出到 ONNX，然后由 MXNet 模型服务器提供服务。在以下代码片段中，我们使用 PyTorch 的内置 export 模块将 fizbuz 网络转换为 ONNX 的中间表征。

```
>>> import torch
>>> dummy_input = torch.Tensor([[0, 0, 0, 0, 0, 0, 0, 0, 1, 0]])
>>> dummy_input
tensor([[0., 0., 0., 0., 0., 0., 0., 0., 1., 0.]])
>>> net = FizBuzNet(input_size, hidden_size, output_size)
>>> net.load_state_dict(torch.load('assets/fizbuz_model.pth'))
>>> dummy_input = torch.Tensor([[0, 0, 0, 0, 0, 0, 0, 0, 1, 0]])
>>> torch.onnx.export(net, dummy_input, "fizbuz.onnx", verbose=True)
```

在最后一行中，我们调用 export 模块，并传递 PyTorch 的网络、虚拟输入和输出文件名。ONNX 通过跟踪图进行转换。也就是说，它使用我们提供的虚拟输入执行图一次。在执行图时，它会跟踪我们执行的 PyTorch 操作，然后将每个操作转换为 ONNX 格式。键值参数 verbose=True 在导出时将输出写入终端屏幕。它为我们提供了 ONNX 中同一个图的中间表征。

```
graph(%input.1 : Float(1, 10)
      %1 : Float(100, 10)
      %2 : Float(100)
      %3 : Float(4, 100)
      %4 : Float(4)) {
  %5 : Float(1, 100) = onnx::Gemm[alpha=1, beta=1,
     transB=1](%input.1, %1, %2),
     scope: FizBuzNet/Linear[hidden]
  %6 : Float(1, 100) = onnx::Sigmoid(%5), scope: FizBuzNet
  %7 : Float(1, 4) = onnx::Gemm[alpha=1, beta=1,
     transB=1](%6, %3, %4),
```

```
        scope: FizBuzNet/Linear[out]
    return (%7);
}
```

它还展示了图执行所需的所有操作，但比 PyTorch 的图表示量级小。PyTorch 向我们展示每个操作（包括转置操作），ONNX 则抽象高级函数（如 onnx:Gemm）下的粒度信息，假设其他框架的 import 模块可以读取这些抽象操作。

PyTorch 的 export 模块将 ONNX 模型保存在 fizbuz.onnx 文件中。这可以从 ONNX 或内置到其他框架中的 ONNX 导入程序加载。在这里，我们将 ONNX 模型加载到 ONNX 本身，并执行模型检查。ONNX 还有一个由微软管理的高性能运行器，这不在这本书的讨论范围内，但可以参考 https://github.com/Microsoft/onnxruntime。

由于 ONNX 已成为框架之间互操作性的规范，所以人们围绕它构建了其他工具。最常用 / 最有用的可能是 Netron，即 ONNX 模型的可视化工具。尽管它不像 TensorBoard 那样具有交互性，但对于基本可视化来说这已经足够了。

在拥有 .onnx 文件后，可以将文件位置作为参数传递给 Netron 命令行工具，该工具将生成服务器并在浏览器中显示图。

```
pip install netron
netron -b fizbuz.onnx
```

前面的命令将启动 Netron 服务器，并可视化 FizBuz 网络，如图 8.3 所示。除了可缩放图之外，Netron 还可以可视化其他基本信息，如版本、创建者、图的生成方式等。此外，每个节点都是可单击的，能够显示有关该特定节点的信息。当然，这还不足以满足我们希望从可视化工具获得的所有需求，但它足以给出一些关于整个网络的想法。

从成为 ONNX 可视化工具起，Netron 逐渐接受了所有流行框架的导出模型。现在，根据官方文档，Netron 可接受 ONNX、Keras、CoreML、Caffe2、MXNet、TensorFlow Lite、TensorFlow.js、TensorFlow、Caffe、PyTorch、Torch、CNTK、PaddlePaddle、Darknet 和 scikit-learn 的模型。

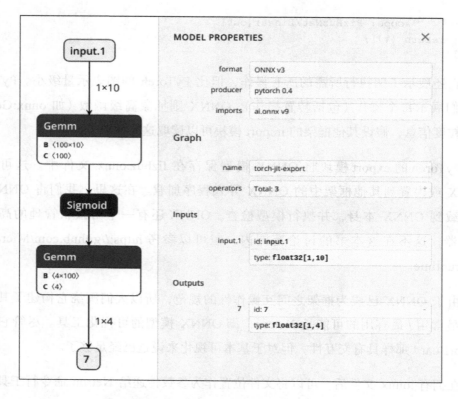

图 8.3 FizBuz 网络的 Netron 可视化

MXNet 模型服务器

现在我们离开了 PyTorch 世界。我们拥有不同的模型服务器，并选择了 MXNet 模型服务器。MXNet 模型服务器（MMS）由社群维护，并由亚马逊团队领导。

MXNet 比其他服务模块工作得更好。在撰写本书时，TensorFlow 与 Python 3.7 不兼容，MXNet 的服务模块与内置 ONNX 模型集成，这使得开发人员无须了解分布式或高度可扩展部署的复杂性就可以使用很少的命令行轻松地为模型提供服务。

其他模型服务器（如 TensorRT 和 Clipper）不像 MXNet 服务器那样容易进行设置和管理。此外，MXNet 还附带了另一个称为 MXNet 存档器的实用程序，它使单个捆绑包具有所有必需的文件，这些文件可以独立部署，而无须担心其他依赖项。

除了 MXNet 模型服务器带来的这些很酷的功能外，其最大的好处是能够自定义预处理和后处理步骤。我们将在后续各节中介绍如何完成这些工作。

整个过程的流程从我们尝试使用模型存档器来创建具有 .mar 格式的单个存档文件开始。单个捆绑文件需要 ONNX 模型文件 signature.json，它提供有关输入大小、名称等的信息。可以认为它是可以随时更改的配置文件。如果你决定将所有值硬编码到代码中而不是从配置中读取，则它甚至不必成为存档文件的一部分。然后，你需要服务文件，这是定义预处理函数、推理函数、后处理函数和其他实用程序函数的文件。

在创建模型存档后，我们就可以调用模型服务器并将位置作为输入传递到模型存档中。现在，你的模型将由超性能模型服务器提供服务。

1. MXNet 模型存档

我们首先安装 MXNet 模型存档器。MXNet 模型服务器附带的默认模型存档器没有 ONNX 支持，因此我们需要单独安装它。ONNX 的模型存档器依赖于协议缓冲区和 MXNet 包。官方文档提供了为每个操作系统安装原型编译器的指南。MXNet 包可以通过 pip 进行安装，就像我们安装的其他软件包一样（对于 GPU，MXNet 具有另一个包，但在这里我们安装 MXNet 的基本版本）。

```
pip install mxnet
pip install model-archiver[onnx]
```

现在我们可以安装 MXNet 模型服务器。它构建在 Java 虚拟机（JVM）上，因此我们从 JVM 调用了使用模型实例运行的多个线程。借助 JVM 的支持，MXNet 服务器可以扩展到多个进程，并处理数千个请求。

MXNet 服务器附带一个管理 API，该 API 通过 HTTP 提供服务。这有助于生产团队根据需要增加 / 减少资源。除了处理线程的规模外，管理 API 还有其他选项。但是，我们并没有深入讨论这些选项。由于模型服务器在 JVM 上运行，所以我们需要安装 Java 8。此外，MXNet 模型服务器在 Windows 上仍处于实验模式，但在 Linux 和 Mac 中很稳定。

```
pip install mxnet-model-server
```

现在，在安装所有所需项目后，我们就可以使用 MXNet 模型服务器编写生产就绪的 PyTorch 模型。首先，我们创建一个新目录，用于保存模型存档器所需的所有文件，以制作捆绑文件。然后，我们移动在最后一步中所制作的 .onnx 文件。fizbuz 包的目录结构如图 8.4 所示。

图 8.4　fizbuz 包的目录结构

MMS 的一个强制性要求是包含服务类的服务文件。MMS 执行服务文件中唯一可用的类的 initialize() 和 handle() 函数。稍后我们将介绍每个部分，下面是可用于制作服务文件的框架。

```
class MXNetModelService(object):
    def __init__(self):
        ...
    def initialize(self, context):
        ...
    def preprocess(self, batch):
        ...
    def inference(self, model_input):
        ...
    def postprocess(self, inference_output):
        ...
    def handle(self, data, context):
        ...
```

然后我们需要一个签名文件。正如我们之前看到的，签名文件只是配置文件。我们可以避免通过将值硬编码到脚本中来获得签名文件，但 MMS 人员也推荐这样做。我们为 fizbuz 网络制作了很小的签名文件，如下所示。

```
{
  "inputs": [
    {
      "data_name": "input.1",
      "data_shape": [
        1,
        10
      ]
    }
  ],
  "input_type": "application/json"
}
```

在签名文件中，我们描述了数据名称、输入形状和输入类型。在通过 HTTP 读取数据流时，这是我们的服务器假定的数据信息。通常，我们可以通过在签名文件中配置 API 来接受任何类型的数据。但是，我们的脚本应该能够处理这些类型。在完成服务文件之后，我们就可以把这些文件和 MMS 打包在一起。

正如之前所看到的，MMS 调用服务文件中唯一可用的类的 initialize() 方法。如果服务文件中存在更多类，则是另一回事，让我们使其简单到足以让我们理解。initialize() 文件初始化所需的属性和方法。

```
def initialize(self, context):
    properties = context.system_properties
    model_dir = properties.get("model_dir")
    gpu_id = properties.get("gpu_id")
    self._batch_size = properties.get('batch_size')
    signature_file_path = os.path.join(
        model_dir, "signature.json")
    if not os.path.isfile(signature_file_path):
        raise RuntimeError("Missing signature.json file.")
    with open(signature_file_path) as f:
        self.signature = json.load(f)
    data_names = []
    data_shapes = []
    input_data = self.signature["inputs"][0]
    data_name = input_data["data_name"]
    data_shape = input_data["data_shape"]
    data_shape[0] = self._batch_size
    data_names.append(data_name)
    data_shapes.append((data_name, tuple(data_shape)))
```

```
        self.mxnet_ctx = mx.cpu() if gpu_id is None else
            mx.gpu(gpu_id)
        sym, arg_params, aux_params = mx.model.load_checkpoint(
            checkpoint_prefix, self.epoch)
        self.mx_model = mx.mod.Module(
            symbol=sym, context=self.mxnet_ctx,
            data_names=data_names, label_names=None)
        self.mx_model.bind(
            for_training=False, data_shapes=data_shapes)
        self.mx_model.set_params(
            arg_params, aux_params,
            allow_missing=True, allow_extra=True)
        self.has_initialized = True
```

MMS 在调用 initialize() 时传递上下文参数，它具有在解压存档文件时获得的信息。当以存档文件路径作为参数调用 MMS 时，在调用服务文件之前，MMS 会解压存档文件并安装模型，并收集有关模型存储位置、MMS 可以使用的内核数、是否有 GPU 等的信息。这些信息都作为上下文参数传递给 initialize()。

initialize() 的第一部分是获取上下文参数和从签名 JSON 文件中收集的信息。该函数的第二部分从第一部分收集的信息中获取输入相关数据。然后，该函数的第三部分是创建 MXNet 模型并将训练过的参数加载到模型中。最后，我们将 self.has_initialized 变量设置为 True，用于检查从服务文件其他部分初始化的状态。

```
        def handle(self, data, context):
            try:
                if not self.has_initialized:
                    self.initialize()
                preprocess_start = time.time()
                data = self.preprocess(data)
                inference_start = time.time()
                data = self.inference(data)
                postprocess_start = time.time()
                data = self.postprocess(data)
                end_time = time.time()

                metrics = context.metrics
                metrics.add_time(self.add_first())
                metrics.add_time(self.add_second())
                metrics.add_time(self.add_third())
                return data
```

```
except Exception as e:
    request_processor = context.request_processor
    request_processor.report_status(
        500, "Unknown inference error")
    return [str(e)] * self._batch_size
```

MMS 被编程为在每个请求上调用同一类的 handle() 方法，这是我们控制流的地方。在启动线程时，仅调用一次 initialize() 函数；每个用户请求都将调用 handle() 函数。由于每个用户都会和上下文信息一起请求调用 handle 函数，所以它可以同时获取当前数据和参数。但为了使程序模块化，我们不在 handle() 中执行任何操作；相反，我们调用其他函数，这些函数被指定为只执行一项操作，即函数应该做的事情。

我们将整个流程分为四个部分：预处理、推理、后处理和矩阵日志记录。在 handle() 函数的第一行，我们验证线程是否使用上下文信息和数据信息进行初始化。一旦此步骤完成，我们将进入流。现在，我们将逐步完成我们的流。

我们首先调用以 data 为参数的 self.preprocess() 函数，其中 data 将是 HTTP 请求的 POST 正文内容。preprocess 函数提取和在 signature.json 文件中配置的名称同名的数据。一旦我们有了数据，它就是我们需要系统为其预测下一个数字的整数。由于我们已经训练了模型来预测当前数字的 fizz buzz 状态，所以我们向数据中的数字加 1，然后在新数字的二进制上创建一个 MXNet 数组。

```
def preprocess(self, batch):
    param_name = self.signature['inputs'][0]['data_name']
    data = batch[0].get('body').get(param_name)
    if data:
        self.input = data + 1
        tensor = mx.nd.array(
            [self.binary_encoder(self.input, input_size=10)])
        return tensor
    self.error = 'InvalidData'
```

handle() 函数获取已处理的数据并将其传递给 inference() 函数，该函数调用 initialize() 函数上保存的 MXNet 模型和已处理的数据。inference() 函数返回大小为 1×4 的输出张量，然后将其返回 handle() 函数。

```
def inference(self, model_input):
    if self.error is not None:
        return None
    self.mx_model.forward(DataBatch([model_input]))
    model_output = self.mx_model.get_outputs()
    return model_output
```

然后，该张量被传递给 postprocess() 函数，以将其转换为可读的输出。我们拥有 self.get_readable_output() 函数，它根据需要将模型的输出转换为 fizz、buzz、fizz buzz 或下一个数字。

然后，后处理的数据将返回 handle() 函数，并在该函数中创建矩阵。之后，数据将返回被 handle() 调用的地方，即 MMS 的一部分。MMS 将数据转换为 HTTP 响应，并将其返回用户。MMS 还记录矩阵的输出，以便操作可以实时查看矩阵并在此基础上做出决策。

```
def postprocess(self, inference_output):
    if self.error is not None:
        return [self.error] * self._batch_size
    prediction = self.get_readable_output(
        self.input,
        int(inference_output[0].argmax(1).asscalar()))
    out = [{'next_number': prediction}]
    return out
```

一旦有了之前给出的所有文件，我们就可以创建 .mar 存档文件。

```
model-archiver \
        --model-name fizbuz_package \
        --model-path fizbuz_package \
        --handler fizbuz_service -f
```

这将在当前目录中创建一个 fizbuz_package.mar 文件。然后，可以将其作为 CLI 参数传递给 MMS。

```
mxnet-model-server \
        --start \
        --model-store FizBuz_with_ONNX \
        --models fizbuz_package.mar
```

现在，我们的模型服务器在端口 8080 上启动并运行（如果尚未更改端口）。我们可以尝试执行用于 Flask 应用程序的相同 curl 命令（很明显，我们必须更改端口号）并检查模型。我们应该得到与 Flask 应用程序完全相同的结果，但现在我们有能力根据需要动态地扩展或减少线程的数量。MMS 为此提供了管理 API。管理 API 附带了几个可配置选项，但在这里，我们只关注增加或减少线程的数量。

除了在端口 8080 上运行的服务器外，还将在 8081 上运行管理 API 服务，我们可以对该服务进行调用并控制配置。可以使用简单的 GET 请求访问服务器的状态。但在这之前，我们让线程数为 1（默认情况下为 4）。API 终端是一个正确的 REST 终端。我们在路径中指定模型名称，并传递参数 max_worker=1 以使线程为 1。我们可以通过 min_worker=<number> 增加线程的数量。官方文档 [2] 提供了有关管理 API 的可能配置的详尽说明。

```
-> curl -v -X PUT
"http://localhost:8081/models/fizbuz_package?max_worker=1"
...
{
    "status": "Processing worker updates..."
}
...
```

一旦线程数量减少，我们就可以点击终端来查看服务器的状态。示例输出（在我们减少线程数量之后）如下所示。

```
-> curl "http://localhost:8081/models/fizbuz_package"
{
  "modelName": "fizbuz_package",
  "modelUrl": "fizbuz_package.mar",
  "runtime": "python",
  "minWorkers": 1,
  "maxWorkers": 1,
  "batchSize": 1,
  "maxBatchDelay": 100,
  "workers": [
    {
      "id": "9000",
      "startTime": "2019-02-11T19:03:41.763Z",
```

```
        "status": "READY",
        "gpu": false,
        "memoryUsage": 0
    }
  ]
}
```

我们已经设置了模型服务器，现在我们知道如何根据规模配置服务器。接下来我们将使用 Locust 来加载服务器测试，并检查服务器如何保持稳定，以及根据我们的需要增加 / 减少资源是多么容易。将 AI 模型部署到生产中并非易事。

2. 加载测试

一个示例 Locust 脚本如下，它应保存为当前目录中的 locust.py。如果安装了 Locust（可以使用 pip 安装它），那么调用 locust 将启动 Locust 服务器并打开 UI（图 8.5），其中我们可以输入要测试的规模。我们可以逐步提高规模，并检查我们的服务器在什么时间开始中断。然后可以点击管理 API 来增加线程，并确保我们的服务器可以保持当前规模。

```python
import random
from locust import HttpLocust, TaskSet, task


class UserBehavior(TaskSet):
    def on_start(self):
        self.url = "/predictions/fizbuz_package"
        self.headers = {"Content-Type": "application/json"}

    @task(1)
    def success(self):
        data = {'input.1': random.randint(0, 1000)}
        self.client.post(self.url, headers=self.headers,
                         json=data)


class WebsiteUser(HttpLocust):
    task_set = UserBehavior
    host = "http://localhost: 8080"
```

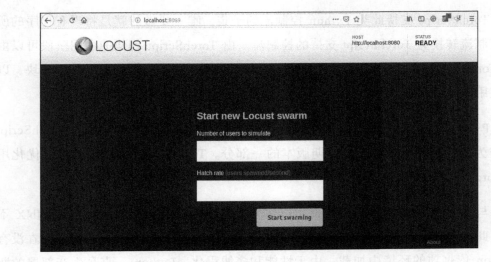

图 8.5　Locust UI，我们可以在其中配置用户数以模拟生产负载

8.3　使用 TorchScript 提高效率

我们设置了简单的 Flask 应用程序服务器来为我们的模型提供服务，并使用 MXNet 模型服务器实现了相同的模型。但如果我们需要离开 Python 世界，使用 C++ 或 Go（或其他高效语言）创建高效的服务器，则 PyTorch 会提供 TorchScript，它可以生成最有效的 C++ 可读的模型格式。

现在的问题是：我们用 ONNX 完成的不就是这个目标吗？也就是说，从 PyTorch 模型创建另一个中间表示？是的，其过程是相似的，但这里的区别是，ONNX 使用跟踪来创建优化的中间表示；也就是说，它通过模型传递一个虚拟输入，当模型被执行时，它记录 PyTorch 操作，然后将这些操作转换为中间表示。

此方法存在一个问题：如果模型与数据相关（如 RNN 中的循环），或者如果 if/else 条件基于输入，则跟踪的对象无法真正正确。跟踪将只发现该特定执行周期中发生的情况，并忽略其他情况。例如，如果我们的虚拟输入是一个包含 10 个单词的句子，而我们的模型是基于循环的 RNN，则跟踪的图将硬编码 RNN 单元的 10 次执行。如果我们的句子比 10 个单词长或是包含较少单词的短句，则执行会中断。而 TorchScript 则考虑到了这一点。

TorchScript 支持此类 Python 控制流的子集，唯一要做的就是将现有程序的所有控制流转换为 TorchScript 支持的控制流。由 TorchScript 创建的中间阶段可以由 LibTorch 读取。在本节中，我们将创建 TorchScript 输出并编写一个 C++ 模块，以便使用 LibTorch 加载它。

PyTorch 1.0 中引入了 TorchScript 的一个可用且稳定的版本，尽管 TorchScript 是作为 JIT 包的 PyTorch 的早期版本的一部分。TorchScript 可以序列化和优化用 PyTorch 编写的模型。

与 ONNX 一样，TorchScript 可以作为中间表示保存到磁盘中，但与 ONNX 不同，此中间表示经过优化可在生产环境中运行。保存的 TorchScript 模型可以在没有 Python 依赖项的环境中加载。由于性能和多线程化，Python 一直是生产部署的瓶颈，即使 Python 可以达到的规模对于现实世界中的大多数用例来说都足够好。

避免这一基本瓶颈是所有生产就绪框架的首要任务，这就是静态计算图统治了框架世界的原因。PyTorch 引入了基于 C++ 的、具有高级 API 的运行器，如果开发人员希望使用 C++ 进行编码，则可以访问这些 API，从而解决了此问题。

PyTorch 通过将 TorchScript 加入核心代码做好了生产准备。TorchScript 可以将用 Python 编写的模型转换为高度优化的中间表示，然后 LibTorch 可以读取这些模型。接下来，由 LibTorch 加载的模型可以保存为 C++ 对象，并且可以在 C++ 程序或其他高效的编程语言（如 Go）中运行。

PyTorch 允许你通过两种方法制作 TorchScript 中间表示。最简单的方法是通过跟踪，就像 ONNX 一样。可以使用虚拟输入将模型（甚至是函数）传递给 torch.jit. trace。PyTorch 通过模型 / 函数运行虚拟输入，并在运行输入时跟踪操作。

然后，被跟踪的函数（PyTorch 操作）可以转换为优化的中间表示，也称为静态单赋值中间表示。与 ONNX 图一样，此图中的指令也具有 TENsor 库（PyTorch 的后端 ATen）可以理解的原始运算符。

这真的很容易，但会有成本。基于跟踪的推理具有 ONNX 中存在的基本问题：

无法处理依赖于数据的模型结构更改，即 if/else 条件检查或循环（序列数据）。对于此类情况，PyTorch 引入了脚本模式。

对于常规函数，可以使用 torch.jit.script 修饰器启用脚本模式；而对于 PyTorch 模型上的方法，可以使用 torch.jit.script_method 启用脚本模式。通过此修饰器，函数 / 方法内的内容将被直接转换为 TorchScript。在模型类中使用 torch.jit.script_method 时要记住的另一件重要的事情是关于父类的。通常，我们从 torch.nn.Module 继承，但对于制作 TorchScript，我们从 torch.jit.ScriptModule 继承。这有助于 PyTorch 避免使用纯 Python 方法，而这些方法无法转换为 TorchScript。目前，TorchScript 不支持所有 Python 功能，但它具有支持数据相关张量操作所需的所有功能。

我们首先将模型导出到 ScriptModule 中间表示，从而开始我们的 FizBuz 模型的 C++ 实现，就像我们在 ONNX 导出中所做的那样。

```
net = FizBuzNet(input_size, hidden_size, output_size)
traced = torch.jit.trace(net, dummy_input)
traced.save('fizbuz.pt')
```

保存的模型可以通过 torch.load() 方法加载回 Python，但我们将使用 C++ 中的类似 API LibTorch 将模型加载到 C++ 中。在进入逻辑之前，将需要的头文件导入当前作用域。

```
#include <torch/script.h>
#include <iostream>
#include <memory>
#include <string>
```

最重要的头文件是 torch/script.h，它有 LibTorch 所需的所有方法和函数。我们决定将模型名称和示例输入作为命令行参数传递。因此，我们主程序的第一部分是读取命令行参数，并为程序的其余部分解析它们。

```
std::string arg = argv[2];
int x = std::stoi(arg);
float array[10];
```

```
int i;
int j = 9;
for (i = 0; i < 10; ++i) {
    array[j] = (x >> i) & 1;
    j--;
}
```

程序读取第二个命令行参数，即用户为获取预测而给出的数字。命令行读取的数字是字符串类型（string）。我们将其转换为 int。对于从 string 到 int 的转换后的循环，我们需要将其转换为二进制数组。这是 LibTorch 开始执行的位置。

```
std::shared_ptr<torch::jit::script::Module> module =
torch::jit::load(argv[1]);
auto options = torch::TensorOptions().dtype(torch::kFloat32);
torch::Tensor tensor_in = torch::from_blob(array, {1, 10},
                          options);
std::vector<torch::jit::IValue> inputs;
inputs.push_back(tensor_in);
at::Tensor output = module->forward(inputs).toTensor();
```

在第一行中，我们从路径加载模型，该路径作为第一个命令行参数传递（我们将变量声明为 ScriptModule）。在第三行，我们使用 from_blob 方法将二进制数组转换为二维 LibTorch 张数。在最后一行，我们使用所制作的张量执行模型的 forward 方法，并将输出返回用户。这可能是我们可以实现的最基本的示例，以展示 TorchScript 的运行过程。官方文档中有许多示例展示了脚本模式（与跟踪模式不同）理解 Python 控制流并将模型推送到 C++ 世界的强大功能。

8.4　探索 RedisAI

我们已经看到了可以通过 TorchScript 得到的优化，但是我们将如何处理优化的二进制文件？是的，我们可以在 C++ 中加载它，并制作一个 Go 服务器，然后将其加载到那里，但这仍然令人很痛苦。

Redis Labs 和 Orobix 为我们带来了另一个解决方案，称为 RedisAI。它是一个高度优化的运行器，构建在 LibTorch 之上，且可以接受已编译的 TorchScript 二进制文件，通过 Redis 协议提供服务。对于没有 Redis 相关经验的人来说，http://redis.io 中有良好的文档，而其中给出的介绍性文档 [3] 应该是一个好的开始。

RedisAI 提供三个选项来配置三个后端：PyTorch、TensorFlow 和 ONNX 运行器。它并没有止步于此：RedisAI 在后端使用 DLPack，使张量能够通过不同的框架，而不会产生太多的转换成本。

这是什么意思？假设你有一个 TensorFlow 模型，该模型可将人脸转换为 128 维嵌入（这是 FaceNet 的功能）。现在，可以制作一个 PyTorch 模型，使用此 128 维嵌入进行分类。在正常世界中，将 TensorFlow 的张量传递到 PyTorch 需要深入了解其工作原理，但通过使用 RedisAI，仅需使用几个命令即可执行此操作。

RedisAI 作为 Redis 服务器（loadmodule 开关）的模块构建。通过 RedisAI 为模型提供服务的好处不仅仅是可以选择具有多个运行器以及其间的互操作性。事实上，在生产部署方面，这是最不重要的一点。RedisAI 最重要的功能是故障转移和分布式部署选项，这些已集成到 Redis 服务器中。

借助 Redis Sentinel 和 Redis 群集，我们可以在多群集、高可用设置下部署 RedisAI，而无须对 DevOps 或基础结构建有太多了解。此外，由于 Redis 拥有所有常用语言的客户端，所以，一旦通过 RedisAI 部署了 TorchScript 模型，基本上就可以使用 Redis 的任何语言客户端与服务器进行通信，以便运行模型、将输入传递给模型、从模型获取输出等。

使用 RedisAI 的另一个亮点是 Redis 的整个大型生态系统的可用性，例如 RedisGears（作为管道的一部分运行任何 Python 函数）、RedisTimeSeries、Redis Streams 等。

让我们从加载使用 TorchScript 编译的 fizbuz 网络模型开始。首先，我们需要使用 Redis 服务器和 RedisAI 安装来设置环境。installation.sh 文件有三个部分可以执行此操作。

```
sudo apt update
sudo apt install -y build-essential tcl libjemalloc-dev
```

```
sudo apt install -y git cmake unzip

curl -O http://download.redis.io/redis-stable.tar.gz
tar xzvf redis-stable.tar.gz
cd redis-stable
make
sudo make install
cd ~
rm redis-stable.tar.gz

git clone https://github.com/RedisAI/RedisAI.git
cd RedisAI
bash get_deps.sh cpu
mkdir build
cd build
cmake -DDEPS_PATH=../deps/install ..
make
cd ~
```

第一部分是安装所需的依赖项。第二部分是下载 Redis 服务器二进制文件并安装它。第三部分是克隆 RedisAI 服务器，并使用 make 构建它。在安装完成后，我们可以运行 run_server.sh 文件，使 Redis 服务器与 RedisAI 一起作为模块加载进来。

```
cd redis-stable
redis-server redis.conf --loadmodule ../RedisAI/build/redisai.so
```

现在，我们已经安装了 Redis 服务器。设置 RedisAI 服务器非常简单。使用 Sentinel 或 Cluster 进行扩展也并不困难。官方文档包含足够的信息可供入门。

在这里，我们从最小的 Python 脚本开始，使用 RedisAI 运行 fizbuz 示例。我们使用 Python 包 Redis 与 Redis 服务器进行通信。RedisAI 构建了一个官方客户端，但在撰写本书时我们还不可以使用它。

```
r = redis.Redis()
MODEL_PATH = 'fizbuz_model.pt'
with open(MODEL_PATH,'rb') as f:
    model_pt = f.read()
```

```
r.execute_command('AI.MODELSET', 'model', 'TORCH', 'CPU',
                   model_pt)
```

前面的脚本首先打开与本地主机的 Redis 连接。它读取我们以前使用
TorchScript 保存的二进制模型，并使用命令 AI.MODELSET 在 RedisAI 中设置
Torch 模型。该命令需要我们传递服务器中模型所需的名称，即我们想要使用的后
端，无论是使用 CPU 还是 GPU，最后是二进制模型文件。模型集命令返回一个正
常消息，然后我们等待用户输入。用户输入通过编码器传递，正如我们之前看到
的，以将其转换为二进制编码格式。

```
while True:
    number = int(input('Enter number, press CTRL+c to exit: ')) +
             1
    inputs = encoder(number)

    r.execute_command(
        'AI. TENSORSET', 'a', 'FLOAT', *inputs.shape, 'BLOB',
        inputs.tobytes())
    r.execute_command('AI.MODELRUN', 'model', 'INPUTS', 'a',
        'OUTPUTS', 'out')
    typ, shape, buf = r.execute_command('AI.TENSORGET', 'out',
        'BLOB')
    prediction = np.frombuffer(buf, dtype=np.float32).argmax()
    print(get_readable_output(number, prediction))
```

然后我们使用 AI.TENSORSET 来设置张量并将其映射到一个键。你可能已
经看到了我们将输入 NumPy 数组传递到后端的过程。NumPy 有一个方便的函数
tobytes()，它给出了数据存储在内存中的字符串格式。我们明确给出指令，即需要
将模型另存为 BLOB。保存模型的另一个选项是 VALUES，当你有一个更大的数组
要保存时，它不太有用。

我们还必须传递数据类型和输入张量的形状。在执行张量设置时，我们应该考
虑的是数据的类型和形状。由于我们将输入作为缓冲区传递，所以 RedisAI 会尝试
使用我们传递的形状和数据类型信息将缓冲区转换为 DLPack 张量。如果这与我们
传递的字节字符串的长度不匹配，则 RedisAI 将抛出错误。

在设置张量后，我们将模型保存在一个称为 model 的键中，而张量保存

在一个称为 a 的键中。我们现在可以通过传递模型键名称和张量键名称来运行 AI.MODELRUN 命令。

如果有多个输入要传递，我们则会多次使用张量集，并将所有键作为 INPUTS 传递给 MODELRUN 命令。MODELRUN 命令将输出保存到 OUTPUTS 下的键，然后通过 AI.TENSORGET 读取该键。

在这里，我们把张量读取为 BLOB，就像我们保存它的时候一样。张量命令将类型、形状和缓冲区提供给我们。然后，缓冲区将被传递给 NumPy 的 frombuffer() 函数，该函数为我们提供了结果的 NumPy 数组。

一旦我们从 RedisAI 中得到了数据，那么事情就与其他章节相同了。RedisAI 似乎是当前市场上面向 AI 开发人员的最有前途的生产部署系统。它仍然处于早期阶段，在 2019 年 4 月的 RedisConf 2019 上发布。在不久的将来，我们将看到 RedisAI 提供更多令人惊叹的功能，这将使它成为大部分 AI 社群的实际部署机制。

8.5　总结

在本章中，我们介绍了三种不同的将 PyTorch 用于生产的方法，首先是最简单但性能最差的方法：使用 Flask。然后，我们介绍了 MXNet 模型服务器，这是一个预先构建的、优化的服务器实现，可以使用管理 API 进行管理。MXNet 模型服务器对于不需要很高的复杂性但要求可根据需要扩展的高效服务器实现的用户来说非常有用。

最后，我们尝试用 TorchScript 更高效地构建了我们的模型，并在 C++ 中导入了该模型。对于那些准备承担构建和维护低级语言服务器（如 C++、Go 或 Rust）的复杂性的用户，可以采用这种方法并构建自定义服务器，直到拥有更好的可以读取脚本模块并为之服务的运行器，就像 MXNet 在 ONNX 模型上所做的一样。

2018 年是模型服务器的一年：不同组织机构开发了众多模型服务器，这些模型服务器各自有着不同的特点。但未来是光明的，我们可以看到更多的模型服务器在逐步推出，而它们可能取代前面提到的所有方法。

参考资料

1. https://pytorch.org/docs/stable/jit.html
2. https://github.com/awslabs/mxnet-model-server/blob/master/docs/management_api.md
3. https://redis.io/topics/introduction

推荐阅读

推荐阅读

神经网络与深度学习

作者：邱锡鹏 ISBN：978-7-111-64968-7 定价：149.00元

深度学习进阶：卷积神经网络和对象检测

作者：Umberto Michelucci ISBN：978-7-111-66092-7 定价：79.00元

TensorFlow 2.0神经网络实践

作者：Paolo Galeone ISBN：978-7-111-65927-3 定价：89.00元

深度学习：基于案例理解深度神经网络

作者：Umberto Michelucci ISBN：978-7-111-63710-3 定价：89.00元

推荐阅读

机器学习实战：基于Scikit-Learn、Keras和TensorFlow（原书第2版）

作者：Aurélien Géron ISBN：978-7-111-66597-7 定价：149.00元

机器学习畅销书全新升级，基于TensorFlow 2和Scikit-Learn新版本

Keara之父、TensorFlow移动端负责人鼎力推荐

"美亚"AI+神经网络+CV三大畅销榜冠军图书

从实践出发，手把手教你从零开始构建智能系统

这本畅销书的更新版通过具体的示例、非常少的理论和可用于生产环境的Python框架来帮助你直观地理解并掌握构建智能系统所需要的概念和工具。你会学到一系列可以快速使用的技术。每章的练习可以帮助你应用所学的知识，你只需要有一些编程经验。所有代码都可以在GitHub上获得。

机器学习算法（原书第2版）

作者：Giuseppe Bonaccorso ISBN：978-7-111-64578-8 定价：99.00元

本书是一本使机器学习算法通过Python实现真正"落地"的书，在简明扼要地阐明基本原理的基础上，侧重于介绍如何在Python环境下使用机器学习方法库，并通过大量实例清晰形象地展示了不同场景下机器学习方法的应用。